猪场标准化管理学

ZHUCHANG BIAOZHUNHUA GUANLIXUE

王 瑞 ◎ 著

U0306288

中国农业科学技术出版社

图书在版编目（CIP）数据

猪场标准化管理学／王瑞著 . —— 北京：中国农业
科学技术出版社，2019.7
ISBN 978-7-5116-4310-0

Ⅰ.①猪… Ⅱ.①王… Ⅲ.①养猪场-标准化管理
Ⅳ.①S828

中国版本图书馆 CIP 数据核字（2019）第 152084 号

责任编辑　李冠桥
责任校对　李向荣
出 版 者　中国农业科学技术出版社
　　　　　北京市中关村南大街 12 号　　　　邮编：100081
电　　话　(010) 82109705（编辑室）　　(010) 82109704（发行部）
　　　　　(010) 82109709（读者服务部）
传　　真　(010) 82106625
网　　址　http://www.CASTP.cn
经 销 者　各地新华书店
印 刷 者　北京建宏印刷有限公司
开　　本　710mm×1 000mm　　1/16
印　　张　11.25
字　　数　201 千字
版　　次　2019 年 7 月第 1 版　　2019 年 7 月第 1 次印刷
定　　价　50.00 元

前言 Preface

　　生猪养殖是我国的传统行业，改革开放以来，我国生猪产业一方面受经济持续高速增长、城乡居民收入水平不断提高和食物消费结构不断升级等导致的需求强力拉动，另一方面因生猪产业已经演变成农村居民重要收入来源和城镇居民菜篮子工程重要组成部分而得到政府的强烈推动，使我国生猪产量长期保持着较快的增长势头。

　　但 2012 年以来，随着对生猪养殖的环保要求越发严格，中小散户退出生猪养殖，尤其是 2018 年 8 月国内发生非洲猪瘟疫情以来，生猪产能严重下滑，危及国内肉食品供应安全。古语有云："猪粮安天下"。养猪大国升级为养猪强国还有很长的路要走。随着养殖业集中度在未来的逐渐提高，环保、无抗和食品安全等监管趋严，规模化集约化升级对标准化养猪和防疫质量及效率都提出了更高要求。

　　本书从猪场标准化养殖的角度出发，从猪场选址及建设、猪品种与繁殖、饲料配制及使用、饲养管理技术、猪群保健与疾病防制技术、非洲猪瘟防控技术、猪场环境控制措施、粪污无害化处理技术、猪场设备操作与维护、猪场经营管理多方面系统阐述了目前国内猪场标准化养殖与管理中的技术要点。对指导养猪生产尤其是基层脱贫攻坚过程中转型发展的猪场具有一定的借鉴意义。适合国内从事一定规模化养殖的从业者学习和借鉴。

　　本书在写作过程中参考和借鉴了有关专家、学者的研究成果，在此表示诚挚的感谢！由于时间及能力有限，书中难免存在疏漏与不妥之处，欢迎广大读者给予批评指正！

著　者

2019 年 1 月

目录 Contents

第一章 养猪产业及其猪场标准化管理现状与发展趋势

我国猪育种历史非常悠久，早在公元 5000 年前就开始进行猪的驯化，但在 20 世纪 50 年代以前形成的品种，多数是依靠地理隔绝、自然形成的地方品种。据 2004 年 1 月出版的《中国畜禽遗传资源状况》统计，我国已认定的猪品种有 99 个，其中地方品种 72 个、培育品种 19 个、引入品种 8 个，加上2004 年以来审定的新品种和猪配套系 9 个，共计 108 个。在 72 个地方品种中，有 34 个是国家级畜禽遗传资源保护品种。依据猪种起源、体形特点和生产性能，按自然地理上的分布，将我国地方猪种划分六大类型，即华北型、华南型、江海型、西南型、华中型、高原型。体型一般呈北大南小，毛色呈北黑南花态势。在引入品种中，目前对我国养猪生产影响较大的主要是大白猪、长白猪和杜洛克猪，其次是皮特兰猪、汉普夏猪和猪配套系。

全球生猪产量自 2009 年以来总体处于增长的趋势，全球生猪产量从 2009年的 118 728.20 万头增长至 2016 年的 124 508.80 万头，复合增长率为0.68%，增长速度较为平缓。在主要的生猪生产国中，俄罗斯、韩国、墨西哥、巴西和美国的增速较快，2009—2016 年的生猪产量复合增长率分别为5.35%、3.03%、2.67%、1.43% 和 1.36%，中国的复合增长率为 0.34%，总体产量趋于平稳。

第一节 行业发展现状

生猪养殖是我国的传统产业，改革开放以来，我国生猪产业一方面受经济持续高速增长、城乡居民收入水平不断提高和食物消费结构不断升级等导致的需求强力拉动，另一方面因生猪产业已经演变成农村居民重要收入来源和城镇居民菜篮子工程重要组成部分而得到政府的大力推动,使我国生猪产量长期保持着较快的增长速度。但 2012 年以来,随着对生猪养殖的环保要求越发严格,中小散户退出生猪养殖,加上生猪价格的波动性和周期性的影响,我国生猪存栏量总体处于下降的趋势,已由 2012 年年末的 47 592.24 万头减至 2016 年年末的 43 504.00 万头。

猪肉是我国居民最主要的副食品,猪肉产量长期占全部肉类产量比例的 60% 以上,近 10 年来我国猪肉产量稳居全球第一。2016 年我国全年肉类总产量达 8 540.00 万吨,其中猪肉产量 5 299.00 万吨,占肉类产量比例为 62.05%;而据美国农业部统计,2016 年我国猪肉的消费量为 5 498.00 万吨。目前仅靠国内猪肉产量已经不能完全满足国内的需求。

由于受到饲料资源、劳动力资源以及消费市场的导向,中国生猪养殖主要集中于沿江沿海,分布长江沿线、华北沿海以及部分粮食主产区,其中四川、河南、湖南、山东、湖北、广东、河北、云南、广西、江西为排名前十的生猪产区。

第二节　行业发展趋势

一、行业的环境保护监管力度日益加大

2014 年以来,国家相继出台了《畜禽规模养殖污染防治条例》《畜禽养殖禁养区划定技术指南》《水污染防治行动计划》等一系列旨在加强环境保护力度的法律法规和政策,对畜禽养殖业提出了更为严苛的环保要求,明确规定了畜禽的禁养区范围、畜禽排泄物的处理标准,要求在全国范围内依法关闭或搬迁禁养区内的畜禽养殖场(小区)和养殖专业户,畜牧养殖行业整体进入了环保高压期。严苛的环保要求提高了猪场建设在环保方面的投入,间接提高了生猪养殖成本,也无形中提高了进入生猪养殖行业的门槛。目前各地政府均提出了非常严格的发展生猪养殖的条件,为了确保环境良好,所有猪场必须具备系统性的污染物处理体系。因此,新建猪场或老猪场都面临如何解决养猪带来的污染问题。为了解决生猪养殖带来的环境污染问题,各规模化猪场需制定相关的环保措施以改善养殖环境,同时对养殖粪污资源化利用进行探索,尽可能将养猪的污染问题降低到最小范围。

二、行业集中度提高，规模化养殖进程加快

长期以来，我国生猪养殖行业以散养为主，规模化程度较低。但近年来，随着外出打工等机会成本的增加以及环保监管等因素的影响，散养户退出明显，国内生猪养殖规模化的程度正在明显提升。2015 年我国生猪养殖户减少大约 500 万户，减少的养殖户基本都是养殖规模在 500 头以下的中小散养户，而规模化养殖场进一步增加，截至 2014 年年底，养殖规模在 10 000 头以上的养殖场数量已经超过 4 700 家。目前一些大型的以"公司+农户"为主要养殖模式的企业已经将合作养殖户的标准提高到 500 头以上。未来一段时间内，规模经济仍将驱动我国生猪产业的转型发展，规模化养殖将是生猪养殖行业的主要趋势，中小散养户退出的市场空间，将由大型的规模化企业来填补。

三、种猪养殖产业化

育种是养猪业的制高点，也是我国养猪业的薄弱环节。我国的种猪繁育工作还停留在国外引种阶段，原种猪长期依赖进口。目前，国内种猪场绝大部分都以杜洛克、长白、大白为主，均推广"杜长大"配套系种猪，而本土的种猪产业规模有限，效益一般，育种技术有待提高。未来生猪育种主要发展方向将是种猪及其配套系的适应性（主要是抗病性好、好养）、配套系商品代的适口性（主要是肉质好、好吃）。虽然"杜长大"为主的外三元配套系未来仍是市场主角，但其市场份额将会迅速减少，而以国内当地民猪、黑猪、土猪和野猪为主的纯种、杂交配套系将会快速发展，市场份额会显著提高。联合育种也是一种发展趋势，国内一些核心种猪场（种猪企业）实现猪的联合育种，也是当前我国养猪业提高猪育种水平、育种效率、完善良种繁育体系最经济的有效手段。人工授精站将扮演更重要的遗传改良角色。健康种猪将成为重要概念，疫病防控成为重要育种目标。随着养猪产业化及养猪业分工的进程，种猪产业化将是未来的必然趋势。目前，我国已核定了约 100 家国家生猪核心育种场，以提高在生猪育种上的市场竞争力。经过优胜劣汰的市场竞争、整合，中国的种猪市场未来必将出现一批有综合竞争力、有品牌、有实力的大型种猪企业。

四、食品安全日益受重视，促进高端猪肉品牌的树立

随着我国经济的发展和人民生活水平的不断提高，食品安全已经成为民众关注的焦点。目前国内以散养为主的养殖模式是引发猪肉食品安全问题的主要原因，散养情况下，政府监管部门无法对散养户进行全面监管，猪肉质量和安

全无法保证，生猪养殖过程中添加剂的滥用难以有效控制。这种情形客观上促进了国内高端猪肉品牌的发展。一方面，能够打造高端猪肉品牌的都是规模化的养殖企业，对于规模养殖企业来说，食品安全的违法成本极高，一旦出现食品安全事故，对企业是毁灭性的打击，因此，规模养殖企业将食品安全放在极为重要的地位，从源头上杜绝食品安全事件的发生；另一方面，规模化的养殖企业具备更高的养殖和育种水平，可以根据市场需求，培育出肉质和口感更好的肉猪，以迎合消费者需要，同时养殖成本也因为规模化的优势而更低。目前市场上已经出现了部分区域性的高端猪肉品牌，未来随着生猪养殖企业规模的扩大和异地养猪模式的推广，会有更多的高端猪肉品牌出现。

五、生猪标准化养殖和精细化饲养趋势

长期以来，我国生猪养殖是以农户散养为主，中小规模养殖户受规模的影响和资金、人员的限制，生产和管理还属于粗放式经营，科学饲养的意识淡薄，精细化管理水平严重滞后。2010 年以来，农业农村部先后颁发了《农业部关于加快推进畜禽标准化规模养殖的意见》《农业部畜禽标准化示范场管理办法》等规章制度，旨在推进生猪及其他畜禽的标准化养殖，并且每年都会评选一批畜禽养殖标准化示范场，截至 2015 年，全国已创建 4 263 个国家级畜禽标准化示范场，其中国家级生猪标准化示范场 1 730 个，占畜禽示范场总量的 40.58%，居于主导地位。按照标准化示范猪场的数量排序，排在前十位的省份如下（表 1-1）。

表 1-1 标准化示范猪场数量前十位省份

排序	省份	数量	占比（%）
1	广东	129	7.46
1	湖南	129	7.46
3	河南	119	6.88
4	浙江	107	6.18
5	江西	97	5.61
6	四川	96	5.55
7	湖北	95	5.49
8	江苏	83	4.80
9	福建	70	4.05
10	河北	62	3.58

生猪养殖的标准化也促进了养殖的精细化，精细化主要体现精细化的人员管理、精细化的饲养管理、精细化的猪场规划建设、精细化的疫病防控。目前标准化的养殖场基本都做到了对猪舍的精细设计，在品种改良、饲料营养、母猪繁殖等环节的精细管控，在清洁消毒、疫苗接种、药物保健等疫病防控环节的精细把握，并且非常重视专业人才的培养。未来几年，随着中小散养户的退出和规模化企业的扩大，标准化和精细化仍将是生猪养殖行业的发展趋势。

第三节　影响行业发展的主要因素

一、影响行业发展的有利因素

1. 政策的大力支持

在我国，生猪养殖业是农业的重要组成部分，猪肉是大多数城乡居民的主要肉食。因此，生猪养殖行业的健康稳定发展，对于我国农业的整体发展和人民群众菜篮子的供应都至关重要。为了缓解生猪生产的周期性波动对生猪养殖业和居民的食物供应的不利影响，改善城乡居民的饮食结构，提高居民生活水平，国家在区域发展、养殖模式、用地支持、税收优惠、资金扶持等方面出台了诸多政策，鼓励生猪生产企业向专业化、产业化、标准化、集约化的方向发展。此外，国家对农产品的出口也给予了很多政策上的优惠，出台了诸如出口退税、出口农产品免征增值税、出口贴息等政策，均为公司所从事的生猪产业经营与出口营造了极为有利的政策环境。

2. 国内猪肉消费市场发展潜力大

随着我国经济的发展和人民生活水平的不断提高，我国居民的膳食结构逐步改善，口粮消费继续下降，猪肉等畜产品消费持续上升，优质安全畜产品需求不断增加。未来，随着中国城乡差距的进一步缩小，肉类消费在相当长一段时间内仍然会有广阔的市场前景。

二、影响行业发展的不利因素

1. 生猪养殖和育种效率有待提高

我国养猪业的整体水平与世界先进水平相比仍有较大差距，尤其在生产效率方面差距较为明显。以母猪年提供出栏生猪数量指标为例，荷兰、丹麦等国每头母猪年提供出栏生猪约 28 头，美国这一指标为 22.7 头，而我国仅为 15 头。除了生产效率，我国生猪的育种效率也亟待提高。近年来，我国的猪场几乎引进了世界各地的优良种猪品种，但由于重引进，轻育种，并且缺乏高水平的育种企业，我国生猪育种效率仍然低于发达国家育种公司，引进种猪机能退化较快就是例证。因此只有提高生猪的生产和育种效率，才能提高我国在生猪养殖业的国际竞争力。

2. 生猪价格的波动

我国生猪价格具有周期性波动的特征。生猪价格的周期性波动，使得生猪养殖业的盈利水平呈现周期性波动，对行业发展造成一定的不利影响。

3. 疫病的传播影响行业发展

生猪生长过程中伴随着各种疫病的威胁。生猪若暴发疫病，将直接给企业的生产带来损害，即使生产不受影响，疫病的发生与流行也会对消费者心理产生冲击，导致销售市场的萎缩。目前，我国生猪养殖业在猪病的防控上，仍然过分依赖疫苗免疫，而不重视生物安全体系建设和完善，疫苗的不科学使用依旧是普遍现象。猪瘟、伪狂犬病等疫病净化的推广和应用力度仍不足，猪的流通和交易以及引种仍是猪病的主要传播途径。

4. 饲料资源紧缺导致生产成本升高

我国饲料资源短缺，特别是蛋白质资源短缺严重，主要饲料原料对外依存度较大。我国大豆长期依赖进口，而近年来，玉米的进口量也在大幅增加。这种情况直接导致我国猪肉的生产成本远高于发达国家，这对于控制国外猪肉进口减少进口猪肉对国内市场的冲击变得非常困难。

第四节　行业主要经营模式以及行业特征

一、行业内的主要养殖模式

我国生猪养殖主要包括散养和规模养殖，而规模养殖主要有"公司+农户"和公司自养两种模式。其基本情况如下（表 1-2）。

表1-2　行业内的主要养殖模式

生产方式	农户散养	公司+农户	公司自养
主要特征	1. 投资小 2. 规模小 3. 饲养水平参差不齐，兽药残留难以控制 4. 产量不稳定	1. 投资较大、投资主体多样化 2. 产量较稳定 3. 通常采用协议收购或委托代养两种方法与农户合作 4. 通常采用"统一供种、统一供料、统一防疫、统一收购/回收"方式，但需要公司对合作户有较强的管理、约束能力	1. 投资大、投资主体单一 2. 产量稳定 3. 公司对养殖场具有完全的控制能力，食品安全体系可测、可控、有效 4. 公司便于采用现代化养殖设备，生产效率高，但因资金需求大，规模扩大较慢

二、行业特征

1. 生猪养殖行业的周期性特征

在我国，生猪养殖行业的周期性波动较为明显。猪价波动周期形成的主要原因还是生猪的供求关系，商品猪供大于求时，猪肉价格下降，养殖户减少生猪的养殖量；生猪养殖量的减少导致生猪出栏量和供给量减少，导致生猪供不应求，生猪价格上升。

我国生猪养殖行业出现产品价格周期性波动的主要有以下两个原因：首先，我国生猪养殖行业市场集中度较低，散养规模大。2014年年末生猪出栏量在50头以下的养殖户（场）为4 927.12万个，散养户养殖规模对市场价格的影响较大，同时散养户又具有积极追随市场价格的特点。当市场上生猪价格较高时，散养户的养殖积极性升高，开始大幅补栏，增加生猪饲养量，造成生猪成熟出栏时供过于求，生猪价格下跌，当生猪价格跌至行业平均养殖成本之下，大量的散养户出现亏损，不得不退出生猪养殖行业，从而使得市场上的生猪供给大量减少，生猪价格又开始上升，于是之前退出的散养户又会回到生猪养殖行业，从而形成一个生猪价格的波动周期。其次，疫病作为一项偶发因素，也会对生猪的供求关系产生影响，造成生猪价格的波动。当疫病暴发时，消费者的消费需求减少，生猪的出栏量也会受疫病影响而减少，生猪的市场价格下滑，继续养猪的养殖场和养殖户纷纷减少生猪存栏量；当疫病的影响减弱时，消费者的需求回升，但生猪的补栏和出栏需要一定的时间，于是市场上出现供求的不平衡，生猪价格上升。猪肉作为我国城乡居民最为主要的肉食来源，生猪价格的波动既造成了养殖企业和养殖户的损失，也对居民的日常生活产生了负面影响。为此，国家有关部门出台了一系列政策，力图稳定生猪价格，降低行业的利润波动幅度。

2. 生猪养殖行业周期性特征新趋势

2009 年年初至 2016 年年末，全国大中城市生猪出场价格出现了两次较为明显的价格高峰和低谷。第一次价格低谷为 2010 年 4 月的 9.85 元/千克，第一次价格高峰为 2011 年 9 月的 20.04 元/千克，第二次价格低谷为 2014 年 4 月的 11.19 元/千克，第二次价格高峰为 2016 年 5 月的 20.76 元/千克。价格高峰与低谷的交替时间分别为 17 个月、31 个月、25 个月。从 2014 年以来的数据来看，生猪价格的变动缓冲时间变得更长，而价格高峰与价格低谷之间的差价有所缩小，这种现象表明，生猪养殖行业的波动性虽然存在，但是波动幅度较以往有所减小。

3. 生猪养殖行业的季节性特征

我国生猪养殖行业受节日消费需求增加、消费淡旺季等因素的影响，生猪产品市场价格呈现一定程度的波动，一般表现为每年 1—2 月生猪价格较高，春节前达到顶峰，3 月份后开始下降，5—7 月份处于相对较低水平，随后又逐渐回升，10 月份以后又恢复至相对较高的价位。但由于疫病、主要原材料价格的波动和生猪供求关系的影响，我国生猪市场价格季节性特征会随之变动。

第二章　猪场选址及建设

第一节　猪场场址选择

一、用地要求

猪场用地应符合土地利用发展规划和村镇建设发展规划，满足建设工程需要的水文条件和工程地质条件。猪场建设不能占用或少占耕地。

二、场地面积

猪场占地面积依据猪场生产的任务、性质、规模和场地的总体情况而定。生产区面积一般可按每头繁殖母猪40~50平方米或每头上市商品猪3~4平方米计划。猪场生活区、管理区、隔离区另行考虑，并须留有发展余地。

三、地形地势

地形要求开阔整齐。地形狭长或边角多都不便于场地规划和建筑物布局。地势要求高燥、平坦、背风向阳、有缓坡。地势低洼的场地易积水潮湿；有缓坡的场地易排水，但坡度不宜大于25°，以免造成场内运输不便。在坡地建场选择背风阳坡，以利于防寒和保证场区较好的小气候环境。

四、水源水质和电源

规划猪场前先勘探水源，一要充足，二要保证水质符合饮用水标准，便于取用和进行卫生防护，并易于净化和消毒。各类型猪每头每天的总需水量和饮用量见表2-1。

表 2-1　猪群每天需水量标准　　　　　　　　　　　（千克）

猪群类别	总需水量	饮用量
种公猪	25~40	10
空怀及妊娠母猪	25~40	12
带仔哺乳母猪	60~75	20
断奶仔猪	5	2
后备猪	15	6
育肥猪	15~25	6

另外，场址应距电源较近，节省输电开支。同时供电稳定，少停电。当电网供电不能稳定供给时，猪场应自备小型发电机组，以应付临时停电。

五、土壤特性

猪场对土壤的要求是透气性好，易渗水，热容量大，这样可抑制微生物、寄生虫和蚊蝇的滋生，也可使场区昼夜温差较小。土壤虽有净化作用，但是许多微生物可存活多年，应避免在旧猪场场址或其他畜牧场上建造猪场。

六、周围环境

养猪场饲料产品、粪污废弃物等运输量很大，交通方便才能降低生产成本和防止污染周围环境。但是交通干线往往会造成疫病传播，因此猪场场址既要交通方便又要与交通干线保持适当距离。距铁道和国道不少于 2 000~3 000米，距省道不少于 2 000 米，县乡和村道不少于 500~1 000 米。与居民点距离不少于 1 000 米，与其他畜禽场的距离不少于 3 000~5 000 米。周围要有便于污水进行处理以后（达到排放标准）排放的水系。

七、粪尿处理与环保

建场前要了解当地政府 30 年内的土地规划及环保规划、相关政策，因地制宜配套建设排污系统工程，特别应注意沼气配套工程的建设。

第二节　猪场规划设计

在规划猪场时要根据当地的自然条件、社会条件和自身的经济实力，规范、科学、经济地设计。猪场场地主要包括生活区、生产辅助区、生产区、隔离区、场内道路和排水、场区绿化。为了便于防疫和安全生产，应根据当地风向和猪场地势，有序安排。

一、生活区

生活区包括文化娱乐室、职工宿舍、食堂等。此区应设在猪场大门外面。生活区设在上风向或偏风向和地势较高的地方，同时其位置应便于与外界联系。

二、生产辅助区

生产辅助区包括行政和技术办公室、接待室、饲料加工调配车间、饲料储存库、办公室、水电供应设施、车库、杂品库、消毒池、更衣清毒和洗澡间等。该区与日常饲养工作关系密切，距生产区距离不宜远。

三、生产区

生产区包括各类猪舍和生产设施，是猪场的最主要区域，严禁外来车辆和人员进入。生产区内应将种猪、仔猪置于上风向和地势高处，分娩舍既靠近妊娠舍，又靠近仔猪培育舍，育肥舍设在下风向场门或围墙近处。围墙外设装猪台，售猪时经装猪台装车，避免装猪车辆进场。

四、隔离区

隔离区包括兽医室和隔离猪舍、尸体剖检和处理设施、粪污处理及贮存设施等。该区应尽量远离生产猪舍，设在整个猪场的下风或偏风方向、地势低处，以避免疫病传播和环境污染，该区是卫生防疫和环境保护的重点。

五、场内道路和排水

猪场内道路应分出净道和污道，互不交叉。净道是人员和运送饲料的道路；污道靠猪场边墙，是处理粪污和病死猪等的通道。场内污水应有专门的排污及污水处理系统，以保证污水得到有效的处理，确保猪场的可持续生产。

六、场区绿化

绿化不仅可以美化环境、净化空气，也可以防暑、防寒，改善猪场的小气候，同时还可以减弱噪声，促进安全生产，从而提高经济效益。因此在进行猪场总体布局时，一定要考虑和安排好绿化。

七、猪场各类猪舍设计原则及参数

原则：产房、保育舍按生产节律分单元全进全出设计；猪栏规格与数量的计算，产房两栏对应保育一栏，保育与育肥栏——对应；先设计好生产指标、生产流程，然后再设计猪舍、猪栏。

主要参数：以饲养 500 头基础母猪、年出栏约 1 万头商品猪的生产线为例，按每头母猪平均年产 2.2 窝计算，则每年可繁殖 1 100 窝，每周平均分娩 20~21 窝，即每周应配种 24 头（如果配种分娩率 85%）。产房 6 个单元（如果哺乳期 3 周、仔猪断奶后原栏饲养 1 周、临产母猪 1 周、空栏 1 周），每个单元 20 个产床；保育 5 个单元（如果保育期 4 周、空栏 1 周），每个单元 10 个保育床；生长育肥 16 个单元（如果生长育肥期 15 周、机动 1 周），每个单元 10 个育肥栏；肉猪全期饲养 23 周。

第三节　猪场建设

一、猪舍的形式

猪舍建筑形式较多，可分为 3 类：开放式猪舍，大棚式猪舍，封闭式猪舍。

开放式猪舍：建筑简单，造价低，通风采光好，舍内有害气体易排出。但猪舍内的气温随着自然界变化而变化，不能人为控制，尤其冬季防寒能力差。在生产中冬季加设塑料薄膜，效果较好。

大棚式猪舍：即用塑料布扣成大棚式的猪舍。利用太阳辐射增高猪舍内温度。北方冬季养猪多采用这种形式。这是一种投资少、效果好的猪舍。根据建筑上塑料布层数，猪舍可分为单层塑料布棚舍、双层塑料布棚舍。根据猪舍排列，可分为单列塑料布棚舍和双列塑料布棚舍。另外还有半地下塑料布棚舍和种养结合塑料布棚舍（图2-1，图2-2）。

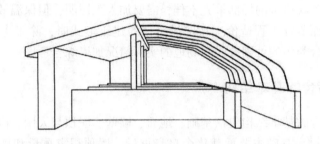

图 2-1 单列式塑料大棚猪舍

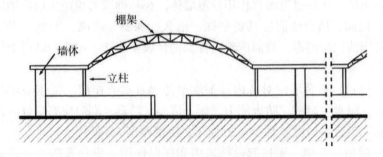

图 2-2 双列式塑料大棚猪舍

封闭式猪舍与外界环境隔绝程度高，舍内通风、采光、保温等主要靠人工设备调控，能给猪提供适宜的环境条件，有利于猪的生长发育，提高生产性能和劳动效率。但其建筑、设备投资维修费用高。封闭式猪舍按照屋顶的形状可分为单坡式、双坡式、联合式、平顶式、拱顶式、钟楼式、半钟楼式、锯齿式猪舍等。其中单坡式、双坡式和联合式以及平顶式和拱顶式猪舍的构造简单、工程造价低，为大部分猪场所采用。钟楼式和半钟楼式猪舍的通风效果好，锯齿式猪舍的采光效果好，适用于多列猪舍，但工程造价稍高（图2-3）。

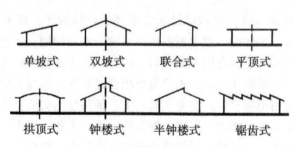

图 2-3 封闭式猪舍屋顶的形状

按照猪栏列数的多少可将猪舍划分为单列式、双列式、三列式以及四列式猪舍，其中双列式猪舍采光和保温效果俱佳，是一般养猪场通常采用的形式，三列式和四列式猪舍的局部采光不佳，需要加人工照明，但保温效果好，且由于少建墙体而节省工程造价。在选择猪舍的建筑形式时，除了考虑上述特点外，还要结合粪污的处理方式和场地的实际情况加以综合考虑。

二、猪舍的基本结构

一个猪舍的基本结构包括基础、地面、墙壁、屋顶与天棚、门窗等。

（1）基础。基础主要承载猪舍自身重量、屋顶积雪重量和墙、屋顶承受的风力，基础的埋置深度，根据猪舍的总荷载力、地下水位及气候条件等确定。为防止地下水通过毛细管作用浸湿墙体，在基础墙的顶部应设防潮层。

（2）地面。猪舍地面应具备坚固、耐久、保温、防潮、平整、不滑、不透水、易于清扫与消毒。地面应斜向排粪沟，坡度为2%~3%，以利于保持地面干燥。

（3）墙壁。猪舍墙壁对舍内温湿度保持起着重要作用。墙体必须具备坚固、耐久、耐水、耐酸、防火能力，便于清扫、消毒；同时应有良好的保温与隔热性能。猪舍主墙壁厚在25~30厘米，隔墙厚度15厘米。

（4）屋顶与天棚。屋顶起遮挡风雨和保温作用，应具有防水、保温、承重、不透气、耐久、结构轻便的特性。为了增加舍内的保温隔热效果，可增设天棚。

（5）门窗。猪舍的门要求坚固、结实、易于出入。门的宽度一般为1.0~1.5米，高度2.0~2.4米。窗户主要用于采光和通风换气，同时还有围护作用。窗户的大小用有效采光面积与舍内地面面积之比来计算，一般种猪舍1：（10~12），肥猪舍1：（12~15）。

三、猪舍的功能系统

（1）除了地面以外，畜床也是非常重要的环境因子，极大地影响着家畜的健康和生产力。为解决一般水泥畜床冷、硬、潮的问题，可选用下述方法。

①按功能要求的差异选用不同材料：用导热性小的陶粒粉水泥、加气混凝土、高强度的空心砖修建畜床，走道等处用普通水泥，但应有防滑表面。

②分层次使用不同材料：在夯实素土上，铺垫厚的炉渣拌废石灰作为畜床的垫层，再在此基础上加铺一层聚乙烯薄膜（0.1毫米）作为防潮层，薄膜靠墙的边缘向上卷起，然后铺上导热性小的加气混凝土、陶粒粉水泥、高强度空

心砖。

③铺设厕垫：厕垫一般为纤维胶材质，有较强的抗撕裂强度，表面有防滑纹理，边部开口能有效排除污物。

④使用漏缝地板：为了保持圈舍内清洁，现代化猪场多使用漏缝地板，尤其对疾病抵抗力弱的仔猪。常用的地板材料如图2-4。

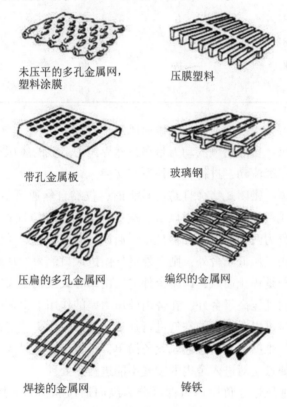

未压平的多孔金属网，
塑料涂膜

压膜塑料

带孔金属板

玻璃钢

压扁的多孔金属网

编织的金属网

焊接的金属网

铸铁

图2-4　常用的地板材料

（2）通风。通风可排除猪舍中多余的水汽，降低舍内湿度，防止围护结构内表面结露，同时可排除空气中的尘埃、微生物、有毒有害气体（如氨、硫化氢和二氧化碳等），改善猪舍空气的卫生状况。另外，适当的通风还可缓解夏季高温对猪的不良影响。猪舍的适宜通风量见表2-2。

表2-2　猪舍的适宜通风量

生理阶段或体重（千克）	每头猪的通风量（立方米/小时）		
	冷空气	温和空气	热天气
带仔母猪	34	136	850
5~14	3	17	42
14~34	5	20	60
34~68	12	41	127
68~100	17	60	204
其他种猪	24	85	510

猪舍通风可分为自然通风和机械通风两种方式。

①自然通风：自然通风的动力是靠自然界风力造成的风压和舍内外温差形成的热压，使空气流动，进行舍内外空气交换。

②机械通风：密闭式猪舍且跨度较大时，仅靠自然通风不能满足其要求，需辅以机械通风。机械通风的通风量、空气流动速度和方向都可以得到控制。机械通风可以分为两种形式，一种是负压通风，即用轴流式风机将舍内污浊空气抽出，使舍内气压低于舍外，则舍外空气由进风口流入，从而达到通风换气的目的。另一种是正压通风，即将舍外空气由离心式或轴流式风机通过风管压入舍内，使舍内气压高于舍外，在舍内外压力差的作用下，舍内空气由排气口排除。正压通风可以对舍内的空气进行加热、降温、除尘、消毒等预处理，但需设风管，设计难度大。负压通风设备简单，投资少，通风效率高，在我国被广泛采用。其缺点是对进入舍内的空气不能进行预处理。

无论正压通风还是负压通风都可分为纵向通风和横向通风。在纵向通风中，即风机设在猪舍山墙上或远离该山墙的两纵墙上，进风口则设在另一端山墙上或远离风机的纵墙上。横向通风有多种形式：负压风机可设在屋顶上，两纵墙上设进风口；或风机设在两纵墙上，屋顶风管进风；也可在两纵墙一侧设风机，另一侧设进风口。纵向通风使舍内气流分布均匀，通风死角少，其通风效果明显优于横向通风（图2-5）。

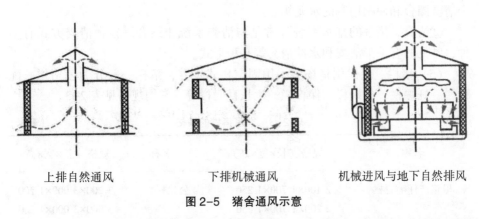

上排自然通风　　　　下排机械通风　　　机械进风与地下自然排风

图2-5　猪舍通风示意

（3）采光。自然光通常用窗地比来衡量。一般情况，妊娠母猪和育成猪的窗地比为1：（10~12），根据这些参数即可确定窗户的面积。还要合理确定窗户上下沿的位置。入射角是指窗户上沿到猪舍跨度中央一点的连线与地面水平线之间的夹角。透光角是指窗上、下沿分别至猪舍跨度中央一点的连线之间的夹角。自然采光猪舍入射角不能小于25°，透光角不能小于5°（图2-6）。

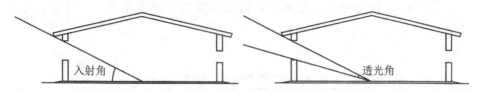

图2-6　猪舍的入射角和透光角

人工照明设计应保持猪床照度均匀，满足猪群的光照需要。一般情况下，各类猪的照度需求：妊娠母猪和育成猪为50~70勒克斯，育肥猪为35~50勒克斯，其他猪群为50~100勒克斯。无窗式猪舍的人工照明时间，育肥猪为8~12小时，其他猪群为14~18小时，一般采用白炽灯或荧光灯。灯具安装最好根据工作需要分组设置开关，既保证工作需要，又节约用电。

（4）给排水与清粪。

①给水方式有两种即集中式给水和分散式给水。前者是用取水设备从水源取水，经净化消毒后，进入贮存设备，再经配水管网送到各用水点。后者是各用水点直接由水源取水。现代化猪场均采用集中式给水。舍外水管可依据猪舍排列和走向来配置，埋置深度应在冻土层以下，进入舍内可以浅埋，严寒地区应设回水装置，以防冻裂。舍内水管则根据猪栏的分布及饲养管理的需要合理设置。舍内除供猪只饮水用的饮水器和水龙头外，还应每隔20~30米设置一

个清洗圈舍和冲刷用具的水龙头。

②清粪。猪舍的排水系统经常是与清粪系统相结合。猪舍清粪方式有多种，常见的有手工清粪和水冲清粪等几种形式。

（5）猪栏。现代化猪场多采用固定栏式饲养，猪栏一般分为公猪栏、配种栏、妊娠栏、分娩栏、保育栏、生长育肥栏等。常用规格见表2-3。

表2-3 常用猪栏的规格 （毫米）

名称	规格（长×宽×高）	名称	规格（长×宽×高）
母猪产仔哺育栏	2 100×1 700×1 250	公猪栏	3 200×3 000×1 200
	2 200×1 700×1 250		3 000×3 000×1 200
母猪单体栏	2 100×600×1 000		
	2 050×600×1 000	生长育肥栏	3 200×2 100×900
保育栏	1 800×1 700×900		3 000×3 400×1 000
	1 800×1 700×700		

①公猪栏和配种栏。北方的养猪场多采用单列式猪舍，且外带运动场（图2-7）。

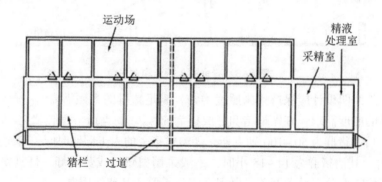

图2-7 单列式猪舍

②妊娠母猪栏。群养和拴系饲养结合而成，平时母猪处于群养状态，在饲喂时，母猪在固定的饲槽前采食，这样既有利于母猪的运动，增强体质，又可根据不同母猪的状况调整饲喂量（图2-8）。

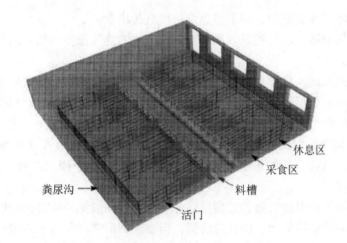

休息区

采食区

料槽

粪尿沟

活门

图 2-8　妊娠母猪栏

③分娩哺育栏。双列式或三列式（图 2-9）。

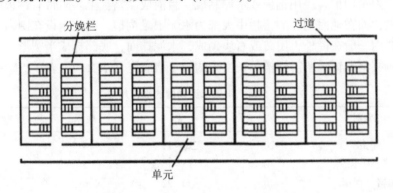

分娩栏

过道

单元

图 2-9　单列式分娩哺乳舍示意图

④仔猪保育舍。仔猪保育舍大都采用网上三列式或四列式的形式，辅以人工照明，保温效果好。目前国内猪场多采用高床网上保育栏，主要由金属编织漏缝地板网、围栏、自动食槽、连接卡、支腿等组成。仔猪保育栏的长、宽、高尺寸视猪舍结构不同而定。常用的有 2 米×1.7 米×0.6 米，侧栏间隙 6 厘米。离地面高度为 25~30 厘米，可饲养 10~25 千克的仔猪 10~12 头。

⑤生长猪栏和育肥猪栏。采用三列式或四列式地面养殖的形式为佳，可在相对较小的面积内容纳较多的猪只。

（6）保温。

①热风炉保温设备。采用特制炉子加热燃料，将热量通过管子送到舍内，提高舍内温度。此种供热方式适用于中小猪场。一般每栋猪舍一个，安装时最

好留出一间房安置燃炉，便于将燃烧后废气排出舍外。

②地热取暖。就是通过硬质塑料管道产生的热气散发到猪只趴卧地面上的一种采暖方法。

③火道取暖。将煤炉安放在舍外，供暖管子在舍内，因仔猪要求的温度比较高，应特制保温箱单独保温，在保温箱内安装 100 瓦红外线灯泡一个或 60 瓦白炽灯泡两个即可达到保暖要求。

（7）饲喂。饲槽是猪栏内的主要设备，应根据上料形式（机械化送料或人工喂饲）选择合适的饲槽，总的要求是构造简单、坚固、严密，便于采食、洗涮与消毒。

对于限量饲喂的公猪、妊娠母猪、哺乳母猪一般都采用钢板饲槽或水泥饲槽，这类饲槽结构简单，而且造价低，但要经常清洗；而对于不限量饲喂的保育仔猪、生长猪、育肥猪多采用自动落料饲槽，这种饲槽不仅能保证饲料清洁卫生，而且还可以减少饲料浪费，满足猪的自由采食。

①限量饲槽。多用钢板或水泥制成。目前成品猪栏上多附带有钢板制的限量饲槽，而在地面饲养的猪栏中大都为水泥限量饲槽，即固定设在圈内，或一半在栏内一般在栏外，用砖或石块砌成，水泥抹面，底部抹成半圆形，不留死角。每头猪喂饲时所需饲槽的长度大约等于猪肩宽（表2-4、表2-5）。

表2-4　限量水泥饲槽的推荐尺寸　　　　　　　　　　（厘米）

猪类别	宽	高	底厚	壁厚
仔猪	20	10～12	4	
幼猪、生长猪	30	15～16	5	
肥猪、种猪	40	20～22	6	4～5

表2-5　每头猪采食所需的饲槽长度

猪类别	体重	每头猪所需饲槽长度（厘米）
仔猪	15 千克以下	10～12
幼猪	30 千克以下	15～16
生长猪	40 千克以下	20～22
育肥猪	60 千克以下	27
	75 千克以下	28
	110 千克以下	33
繁殖猪	100 千克以下	33
	100 千克以上	50

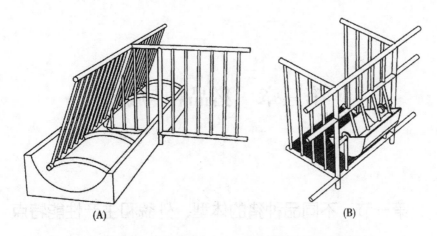

图2-10　固定在地面上的饲槽（A）和安装在限位栏上的饲槽（B）

②自动饲槽。自动饲槽的式样很多，一般都是在饲槽顶部安放一个饲料贮存箱，贮存一定量的饲料，在猪采食时贮存箱内饲料重力通过料箱后部的斜面不断流入饲槽内，每隔一段时间加一次料。它的下口可以调节，并用钢筋隔开的采食口，根据猪的大小有所变化。根据容量大小可分为仔猪、幼猪和育肥猪自动饲槽3种，盛料量在5~10千克、40~90千克和90~200千克范围变化。常用的自动饲槽有长方形和圆形两种，每种又根据猪只大小做成几种规格。长方形食槽还可以做成双面兼用，在两栏中间放置，供两栏猪只采食（图2-10、图2-11）。

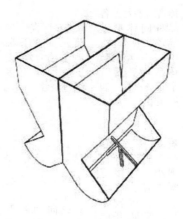

图2-11　双面兼用自动食槽

第三章 猪品种与繁殖

第一节 不同品种猪的体型、外貌和生产性能特点

据《中国猪品种志》（1986）介绍：中国地方猪种 48 个；中国培育品种 12 个；引入国外品种 6 个。中国是世界上猪种资源最丰富的国家之一。

根据猪种的外貌特征、分布状况、与自然和经济条件的关系，以及相互间的亲缘程度，可将我国的地方猪种分为：华北型、华中型、江海型、华南型、西南型、小型猪（表 3-1）。

表 3-1 我国地方猪种分类

猪种名称	分布地区	体型	外貌	生产性能
华北型（东北民猪、黄淮海黑猪、汉江黑猪、沂蒙黑猪等）	主要分布在淮河、秦岭以北，包括东北区、蒙新区	体型较大，各品种间体型差异较大，分大、中、小型猪。体型特征腰背窄而较平，四肢粗壮	头较平直，嘴筒长，便于掘地采食；耳大下垂，额间多纵行皱纹	抗寒力强，繁殖力强，性成熟早，产仔数多肥育性能中等，前期增重缓慢，而在肥育后期增重很快。胴体品质：瘦肉率较高达 45% 以上；屠宰率较低，一般为 60%～70%。肉色鲜红，肉味浓厚，肌内脂肪含量高
华南型（广东大花白猪；滇南小耳猪；海南文昌猪；两广小花猪；广西陆川猪）	广东、广西、福建、云南南部热带和亚热带地区	短、矮、宽、圆、肥，骨骼细小；背腰宽阔下陷，腹大下垂，臀较丰满，四肢开阔粗短，从幼年到成年体型都肥满	头较短小，面凹，额部皱纹不多且以横纹为主，耳小直立或向两侧平伸；毛稀，多为黑白斑块，亦有全黑被毛	性成熟早，繁殖力中等；饲养水平较低，多以放牧为主；生长缓慢；胴体瘦肉率低，脂肪率高，超过 40%

（续表）

猪种名称	分布地区	体型	外貌	生产性能
华中型（湖北监利猪、湖南宁乡猪、浙江金华猪、江西萍乡猪等；大围子猪；华中两头乌猪）	主产于湖北、湖南、江西、广西和长江中游及江南的广大地区	体型中等，比华南型大；四肢较短且疏松，背宽下凹，腹大下垂；被毛稀疏，毛色多为黑白花；乳头为6~7对	体貌与华南型相似	窝产仔10~13头
江海型（太湖猪、陕西安康猪、江苏姜曲海猪、湖北阳新猪、浙江虹桥猪）	长江中下游沿岸以及东南沿海地区	毛色自北向南由全黑逐步向黑白花过渡，个别猪种全为白色。骨骼粗壮，皮厚而松，多皱褶，耳大下垂；繁殖力高，乳头多为8~9对	头大小适中，额较宽，皱纹深且多呈菱形；耳长大下垂	繁殖力高，窝产仔13头以上，高者达15头以上；脂肪多，瘦肉少
西南型（荣昌猪、内江猪、成华猪、乌金猪、贵州关岭猪、云南保山大耳猪）	四川盆地，盆周山区及云贵高原，以山地为主	毛色多为全黑和相当数量的黑白花（"六白"或不完全"六白"等），但也有少量红毛猪。乳头多为6~7对	头大，腿较粗短，额部多有旋毛或纵行皱纹	产仔数一般8~10头，屠宰率低，脂肪多
中国小型猪[贵州环江香猪；广西巴马香猪；海南五指山猪（老鼠猪）；云南省版纳微型猪；西藏藏猪]	分布于中国南方交通不便的崇山峻岭之中，生态环境恶劣	体型小发育慢，6月龄体高40厘米左右，体长在60~75厘米，体重20~30千克，平均日增重120~150克		性成熟早，3~4月龄性成熟。抗逆性强，对不良的生态和饲料条件有很强的适应能力。产仔数少，一般为5~6头

第二节　引进猪种

引进猪种见表3-2。

表3-2　引进猪种

猪种名称	分布地区	体型	外貌	生产性能
长白猪	原产丹麦	体躯长，背腰平直，后躯发达，腿臀丰满，整体呈前轻后重，外观清秀美观，体质结实，四肢坚实	被毛白色，允许偶有少量暗黑斑点；头小颈轻，鼻嘴狭长，耳较大向前倾或下垂	母猪初情期170~200日龄，适宜配种的日龄230~250天，体重120千克以上。母猪总产仔数，初产9头以上，经产10头以上；21日龄窝重，初产40千克以上，经产45千克以上
大白猪	原产英国	背腰平直。肢蹄健壮、前胛宽、背阔、后躯丰满，呈长方形体型等特点	全身皮毛白色，允许偶有少量暗黑斑点，头大小适中，鼻面直或微凹，耳竖立	母猪初情期165~195日龄，适宜配种日龄220~240天，体重120千克以上。母猪总产仔数，初产9头以上，经产10头以上；21日龄窝重，初产40千克以上，经产45千克以上。达100千克体重日龄180天以下，饲料转化率1∶2.8以下，100千克体重时，活体背膘厚15毫米以下，眼肌面积30平方厘米以上
杜洛克	原产于美国东部的新泽西州和纽约州等地	毛色棕红、结构匀称紧凑、四肢粗壮、体躯深广、肌肉发达，属瘦肉型肉用品种。胸宽深，背腰略呈拱形，腹线平直，四肢强健。公猪：包皮较小，睾丸匀称突出、附睾较明显。母猪：外阴部大小适中、乳头一般为6对，母性一般	头大小适中、较清秀，颜面稍凹、嘴筒短直，耳中等大小，向前倾，耳尖稍弯曲	生长发育最快的猪种，肥育期平均日增重750克以上，料肉比（2.5~3.0）∶1。胴体瘦肉率在60%以上，屠宰率为75%，成年公猪体重为340~450千克，母猪300~390千克。初产母猪产仔9头左右，经产母猪产仔10头左右。母性较强，育成率高
汉普夏	原产于美国	中躯较宽，背腰粗短，体躯紧凑，呈拱形	全身主要为黑色，肩部到前肢有一条白带环绕。俗称白肩猪。头大小适中，颜面直，耳向上直立	平均产仔数9头，眼肌面积较大，胴体瘦肉率65%以上，成年体重较大。主要用作杂交生产父系

（续表）

猪种名称	分布地区	体型	外貌	生产性能
皮特兰	原产于比利时的布拉帮特省	毛色呈灰白色并带有不规则的深黑色斑点，偶尔出现少量棕色毛。体驱呈圆柱形，腹部平行于背部，肩部肌肉丰满，背直而宽大。体长1.5~1.6米	头部清秀，颜面平直，嘴大且直，双耳略微向前	在较好的饲养条件下，皮特兰猪生长迅速，6月龄体重可达90~100千克。日增重750克左右，每千克增重消耗配合饲料2.5~2.6千克，屠宰率76%，瘦肉率可高达70%。公猪一旦达到性成熟就有较强的性欲，采精调教一般一次就会成功，射精量250~300毫升，精子数每毫升达3亿个。母猪母性不亚于我国地方品种，仔猪育成率在92%~98%。母猪的初情期一般在190日龄，发情周期18~21天，每胎产崽数10头左右，产活崽数9头左右

第三节 培育品种

培育品种见表3-3。

表3-3 培育品种

猪种名称	分布地区	体型	外貌	生产性能
三江白猪	黑龙江省东部地区	背腰宽平，腿臀丰满。四肢粗壮，蹄质坚实。被毛全白，毛丛稍密。乳头7对，排列整齐。具有肉用型猪的体躯结构	头轻嘴直，耳下垂	三江白猪仔猪50日龄断乳体重13.94千克，4月龄46.90千克。6月龄体重84.22千克，体长119.68厘米，腿臀围85.72厘米。在农场生产条件下饲养，表现出生长迅速、饲料消耗少、胴体瘦肉多、肉质良好和适于北方寒冷地区饲养的优点。但群体尚不够大，在类型上尚欠一致，颈下与腹下肉比例稍大

（续表）

猪种名称	分布地区	体型	外貌	生产性能
湖北白猪	分布于湖北省的近半数的县、市。已推广到海南省的琼山、文昌，广东省的湛江、佛山、韶关，湖南省的邵阳、邵东、耒阳、武冈，江西省的横峰，安徽省的铜陵等县、市	颈肩部结构良好，背腰平直，中躯较长，腹小。腿臀丰满，肢蹄结实。平均13.99个奶头	体格较大，被毛全白。头轻而直长，额无皱纹，两耳前倾或稍下垂	成年公猪体重250～300千克，母猪体重200～250千克。该品种具有瘦肉率高、肉质好、生长发育快、繁殖性能优良等特点。6月龄公猪体重达90千克；25～90千克阶段平均日增重0.6～0.65千克，料肉比3.5：1以下，达90千克体重为180日龄，产仔数初产母猪为9.5～10.5头，经产母猪12头以上，是开展杂交利用的优良母本
哈尔滨白猪	黑龙江省养猪业的主要品种资源，并已推广到全国20多个省（区、市）	体型较大，全身被毛白色，背腰平直，腹稍大	头中等大小，两耳直立，面部微凹	成年公猪平均体重220千克，母猪180千克，经产母猪平均每胎产仔11头，60日龄断乳窝重160千克左右。育肥后屠宰率达72.06%，胴体品质好，肥瘦比例适当，肉质细嫩适口

第四节　杂交模式选择

　　杂交是指不同品种、品系或品群间的相互交配。这些品种、品系或品群间杂交所产生的杂种后代，往往在生活力、生长势和生产性能等方面，在一定程度上优于其亲本纯繁群体，即杂种后代性状的平均表型值超过杂交亲本性状的平均表型值，这种现象称为杂种优势。杂种优势一般只限于杂种一代，如果杂种一代之间继续杂交，则导致优势分散，群体发生退化。

一、杂交模式

1. 二元杂交

它是用两个不同品种的公、母猪进行一次杂交，其杂种一代全部用于育肥，生产商品肉猪。这种方法简单易行，已在农村推广应用。只要购进父本品种即可杂交。缺点是没有利用繁殖性能的杂种优势，仅利用了生长肥育性能和胴体性能的杂种优势，因为杂种一代母猪被直接育肥，繁殖优势未能表现出来。我国二元杂交主要以引入或我国培育品种作父本与本地品种或培育品种作母本进行杂交，杂交效果好，值得广泛推行。如以杜洛克猪为父本与三江白猪杂交，所得杂种日增重为 629 克，饲料转化率为 3.28，瘦肉率达 62%。

2. 三元杂交

即先利用两个品种的猪杂交，从杂种一代中挑选优良母猪，再与第二父本品种杂交，二代所有杂种用于育肥生产商品肉猪。三元杂交所使用的猪种，母猪常用地方品种或培育品种，两个父本品种常用引入的优良瘦肉型品种。为了提高经济效益和增加市场竞争力，可把母本猪确定为引入的优良瘦肉型猪，也就是全部用引入优良猪种进行三元杂交，效果更好。目前，在国内从南方到北方的大多数规模化养猪场，普遍采用杜、长、大的三元杂交方式，获得的杂交猪具有良好的生产性能，尤其产肉性能突出，非常受市场欢迎。

3. 轮回杂交

它是在杂交过程中，逐代选留优秀的杂种母猪作母本，每代用组成亲本的各品种公猪轮流作父本的杂交方式叫轮回杂交。利用轮回杂交，可减少纯种公猪的饲养量，降低养猪成本，可利用各代杂种母猪的杂种优势来提高生产性能，因此不一定保留纯种母猪繁殖群，可不断保持各子代的杂种优势，获得持续而稳定的经济效益。常用的轮回杂交方法有两品种和三品种轮回杂交。

4. 配套杂交

它又叫四品种（品系）杂交，是采用四个品种或品系，先分别进行两两杂交，然后在杂交一代中分别选出优良的父、母本猪，再进行四品种杂交，称配套系杂交。目前国外所推行的"杂优猪"，大多数是由四个专门化品系杂交而产生。如美国的"迪卡"配套系，英国的"PIC"配套系等。

二、提高杂种优势的途径

杂交亲本，其品种不同，即使在同样的饲养管理条件下，其杂交效果也是不同的，这是由于不同杂交组合的配合力不同所致。因此选择什么样的杂交亲本来组成杂交组合，是杂交优势优劣的关键。

1. 父本的选择

父本必须是具有胴体瘦肉率高、肉质好、生长速度快、饲料利用率较高、适应性强的品种。由于父本的数量较少、饲养管理条件适当高些比较容易做到。因此适应性可放在稍次地位。目前从国外引进的瘦肉型猪一般都符合上述条件。

大量的杂交实践表明,这些瘦肉型猪种作为杂交父本,其杂交效果都较好。

2. 母本的选择

母本要求在本地区分布广、数量多、繁殖力高。在不影响杂种生长速度的前提下,母本的体型不要求太大,而瘦肉率和繁殖指标不能太低。按照以上选择母本的条件,我国大多数地方猪种和培育猪种都符合。但由于我国地方猪种的个体差异较大,即使是同一猪种,其主要生产性能往往出现很大差异。所以,杂交母本的选择必须进行配合力测定,只有根据测定结果,才能选择出配合力好的猪种。

三、杂种优势的利用

1. 杜长大体系

它是以杜洛克公猪做终端父本,以长白与大白杂交母猪长大母猪为母本进行生产的杂交方式。首先用长白公猪(L)与大白母猪(Y)配种或用大白公猪(Y)与长白母猪(L)配种,在它们所生的后代中精选优秀的 LY 或 YL 母猪作为父母代母猪。最后用杜洛克公猪(D)与 LY 或 YL 母猪配种生产优质三元杂交肉猪(图 3-1)。

长白公猪♂×大白公猪♀
↓
杜洛克公猪♂×长大杂交母猪♀
↓
杜长大三元杂交肉猪 ——→ 商品肉猪出售

图 3-1 杜长大体系模式

2. 国外猪种和本地猪种的杂交组合

杜长大土体系:是以杜洛克公猪做终端父本,以地方猪与大白杂交母猪为母本进行生产的杂交方式。先用大约克公猪(Y)与川白Ⅰ系母猪(Ⅰ)配种,在它们所生的后代中精选优秀的 YⅠ 母猪作为父母代母猪。最后用杜洛克公猪(D)与 YⅠ 母猪配种生产优质三元杂交肉猪。其模式如图 3-2 所示。

大白公猪♂× 当地猪♀
↓
杜洛克公猪♂× 大土杂交母猪♀
↓
杜长大三元杂交肉猪 ——→ 商品肉猪出售

图 3-2 杜长大土体系模式

3. 利用杂种优势建立专门化品系

该品系间的杂交在繁殖力和生长速度上都表现突出。专门化品系的杂交繁育体系，能保持几个系的遗传差异可以有力地应付在时间上或区域上所出现的产品波动性。

培育专门化综合品系，一般应注意 3 点：一是母本品系、要突出繁殖性状；二是父本品系要突出早熟性、饲料报酬、产肉力、胴体品质和雄性机能等性状；三是每个专门化品系都要突出一两个重要性状的特点，而且各系间一定无任何血缘关系。

第五节 繁殖技术

母猪在一定的时期内，外部体态和行为发生变化，同时体内卵巢排出卵子的综合过程就叫作发情。若只有外部体态的变化而没有排出卵子，这样称作假发情。发情表现有两个方面：外生殖器的变化和行为的变化。食欲减退，鸣叫不安，爬跨其他猪或去拱其他猪的会阴部，阴门红肿，频频排尿。我国地方猪种发情不明显，引进猪种不明显，培育品种处于二者之间。对于那些发情不明显的猪要做到细致观察，可利用压背反射或试情公猪试情。

一、适龄配种

我国地方猪种初情期一般为 3 月龄、体重 20 千克左右，性成熟期 4~5 月龄；外来猪种初情期为 6 月龄，性成熟期 7~8 月龄；杂种猪介于上述两者之间。在生产中，达到性成熟的母猪并不马上配种，这是为了使其生殖器官和生理机能得到更充分的发育，获得数量多、质量好的后代。通常性成熟后经过 2~3 次规律性发情、体重达到成年体重的 40%~50% 予以配种。母猪的排卵数：青年母猪少于成年母猪，其排卵数随发情的次数而增多。我国地方猪种性成熟早，可在 7~8 月龄、体重 50~60 千克配种；国内培育品种及杂交种可在 8~9 月龄、体重 90~100 千克配种；外来猪种于 8~9 月龄、体重 100~120 千克配种。注意：月龄比体重、发情周期（性成熟）比月龄相对重要些。

二、适时配种

适时配种是提高受胎率和产仔数的关键，其基本依据是母猪的发情排卵规律。初情期 3~6 月龄；哺乳期发情时间 27~32 天；发情周期 21 （16~24）天；发情持续时间 5 （2~7） 天；发情至排卵时间 24~36 小时；母猪的排卵过程是陆续的，排卵持续时间 5 （4~7） 小时；卵子保持受精能力时间 8~10 小时；排卵数 15~25 个；精子到达输卵管时间 2 （1~3） 小时；精子在输卵管中存活时间 10~20 小时。

1. 发情症状

开始时，兴奋不安，有时鸣叫，阴部微充血肿胀，食欲稍减退，这是发情开始的表现。之后阴户肿胀较厉害，微湿润，跳栏，喜爬跨其他猪，同时，亦开始愿意接受别的猪爬跨，尤其是公猪，这是交配欲的开始时期。此后，母猪的性欲逐渐趋向旺盛，阴户充血肿胀，渐渐趋向高峰，阴道湿润，慕雄性渐强，其他母猪则频频爬跨其上，或静站处，若有所思，此时若用公猪试情，则可见其很喜欢接近公猪，当公猪爬跨上其背时，则安定不动，如有人在旁，其臀部往往趋近人的身边，推之不去，这正值发情盛期。过后，性欲渐降，阴户充血肿胀逐渐消退，慕雄性亦渐弱，阴户变淡红、微皱，间或有变成紫红的，阴户较干，常粘有垫草，表情迟滞，喜欢静伏，这便是配种适期。外来猪种及其杂种猪发情症状不如我国地方猪种明显，常易造成判断上的困难，须特别注意。发情母猪最好从开始时便定期观察，以便了解其变化过程。注意：产后发情（产后 3~6 天，但不排卵）。

2. 排卵时间

母猪的排卵时间多在发情的中、末期，在发情后 24~36 小时，因此，配种一般不早于发情后 24 小时。一般认为，发情后 24~36 小时已进入有效受精阶段，为使更多的卵子有受精机会，往往第一次配种后间隔 8~12 小时还要再配种一次。不同品种、年龄及个体排卵时间有差异。因此，在确定配种时间时，应灵活掌握。

从品种来看，我国地方猪种发情持续期较短（多为 4~5 天），排卵较早，可在发情的第 2 天配种。外来猪种发情持续期较长（多为 5~6 天），排卵较晚，可在发情的第 3~4 天配种。杂种猪可在发情后第 2 天下午或第 3 天配种。

从年龄来看，外来猪种青年母猪发情持续期比老龄母猪短。而我国地方猪种则相反，老母猪发情持续期 3~4 天，青年母猪发情持续期 6~7 天，可以在发情后 40~50 小时配种。由此可见，"老配早，小配晚，不老不小配中间"的配种经验，符合我国猪种的发情排卵规律。

从发情表现来看，母猪精神状态从不安到发呆，手按压臀部不动，阴户由红肿到淡红有皱褶，黏液由水样变黏稠时表示已达到适时配种。发情母猪允许公猪爬跨开始为配种适期，完全允许的占 60%，不完全允许的占 38%，对逃避者（2%）必须保定后强制配种，在允许公猪爬跨后 25.5 小时以内配种成绩良好，特别是在允许公猪爬跨后 10~25.5 小时可达 100%（日本）。制订每头母猪的发情预测表，经常观察母猪发情症状，接近发情母猪，就能了解允许公猪爬跨时间，测查适时配种期。注意：发情持续期短的排卵稍早，长的稍晚。

3. 配种方式

重复配种：母猪在一个发情期内，用同一头公猪先后配种 2 次。一般在发情开始后 20~30 小时第一次配种，间隔 8~12 小时再配种一次。

双重配种：母猪在一个发情期内，用不同品种的两头公猪或同一品种的两头公猪，先后间隔 10~15 分钟各配种一次。

多次配种：母猪在一个发情期内，间隔一定的时间，连续采用双重配种方式配种几次；或在母猪一个发情期内连续配种 3 次，第一次在发情后 12 小时，第二次为 24 小时，第三次为 36 小时。实践证明：母猪在一个发情期内采用上述 3 种配种方式，产仔数比单次配种提高 10%~40%。

4. 配种方法

配种方法有自然配种（本交）和人工授精两种。

5. 促进母猪发情的技术

在生产实践中，常遇到个别母猪长期不发情或发情持续期较短。究其原因是卵巢发育不全、卵巢囊肿、持久黄体和卵泡发育障碍，统称母猪繁殖障碍综合征。在饲养方面注意供应合理的能量和蛋白质、维生素和矿物质等。

（1）诱导发情。因公猪唾液中含有雄性激素可以诱导母猪发情，对长期不发情母猪，让公猪常和母猪接触，每天接触 10~20 分钟，在一般情况下长期不发情母猪开始陆续发情。

（2）注射促性腺激素催情。对长期不发情母猪颈部肌内注射三合激素 1~2 毫升，注射后经 2~3 天即可发情，第一次发情配种受胎率 50%~60%，第二次发情配种受胎率 80%~90%。如果实行诱导发情或注射促性腺激素催情配种仍然不怀孕，母猪应及时处理。

（3）控制膘情。正常情况下，断奶到发情时间的长短主要决定于母猪的膘情好坏和是否存在生殖系统疾病。目前，可以沿着母猪最后肋骨在背中线往下 6.5cm 的 P_2 点的脂肪厚度作为判定母猪标准状况的基准。作为高产母猪应具备的标准体况，母猪在断奶后应为 2.5，在妊娠中期应为 3，在产仔期应为 3.5（表 3-4、图 3-3）。

表3-4　母猪体况的判定

评分	体况	P₂点背膘厚（毫米）	髋骨突起的感触	体型
5	明显肥胖	>25	用手触摸不到	圆形
4	肥	21	用手触摸不到	近乎圆形
3.5	略肥		用手触摸不明显	长筒形
3	正常	18	用手能够摸到	长筒形
2.5	略瘦		手摸明显，可观察到突起	狭长形
1~2	瘦	<15	能明显观察到	骨骼明显突出

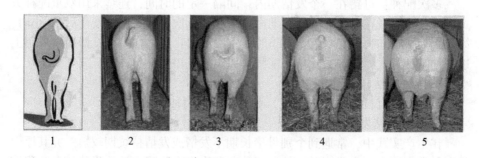

图3-3　母猪体况判定

哺乳后期泌乳量减少，不要过多地削减精料量，并应多饲喂青饲料，抓好仔猪补料和补水，以减少母猪哺乳的营养消耗，适当提前断奶。

三、配种操作技术要点

一是选择个体相近的公、母猪进行交配，配种开始前用消毒药水擦洗母猪外阴和公猪包皮，然后用清水洗净擦干后方可参加配种。

二是待母猪允许公猪爬跨后6~12小时（后备母猪稍退后）开始第一次配种；间隔8~12小时后再复配一次。针对后备母猪及返情母猪只有特殊情况下，应配种3次，每次间隔12小时。

三是配种宜在气候凉爽时进行，一般冬天中午配，夏天宜早、晚配。

四是每次配种，饲养员应尽力协助公猪，使其顺利完成配种，且配种环境应安静。

五是配种正式交配时间应多于4分钟，低于4分钟无有效射精者应重新配种。

六是患有生殖器官疾病的母猪或公猪应抓紧治疗或淘汰。没有治疗好之前不可参加配种。

七是做好后备母猪的发情观察，并做好记录，待到第三次发情时配种最为合适。

八是初配公猪体重要在 120 千克以上，月龄在 8 月龄以上，初配母猪体重达到 120 千克，月龄在 8 月以上。

九是不发情或发情不明显的后备母猪及经产母猪应及时采取综合催情措施，仍不发情着应予以淘汰。

十是连续返情 3 次、流产两次或空怀后又配不上种的母猪，经治疗仍配不上者应及时淘汰。

第六节　人工授精技术

人工授精是现代畜牧生产中广泛应用的重要技术措施，实践证明，它可以最大限度地利用优秀种公畜，提高畜群质量，减少公畜饲养费用。

猪人工授精技术包括采精、精液品质检查、精液的稀释与分装，精液的保存与运输，输精等技术环节。

一、采精

1. 精前的准备

（1）采精场应选择在宽敞、平坦、安静的地方，以室内为宜。

（2）设定假台畜供公猪爬跨进行采精（假台畜市场有售或按其样本制作均可）。

（3）一切和精液接触的器皿和用具（如集精瓶、纱布等），必须严格清洗消毒好备用。

（4）采精前将稀释液配好，置于 30℃恒温箱内备用。寒冷季节里集精瓶也要放入恒温箱中预热。

2. 公猪的调教

对于初次用假台畜采精的公猪，必须进行调教，建议调教方法为：

在假台畜后部涂抹发情母猪的阴道黏液或尿液，引起公猪性欲而诱导其爬跨设定的假台畜，经几次采精后即为调教成功。

在假台畜旁牵一头发情母畜，引起公猪性欲和爬跨后，不让交配而把公猪拉下来，反复数次，待公猪性冲动至高峰时，迅速牵走母猪，诱导公猪直接爬跨假台畜。此样方法，可调教本交公猪。将待调教的公猪拴系在假台畜附近，让其目睹另一头已调教的公猪爬跨台畜，然后诱其爬跨。

3. 采精频率

公猪每次射精排出大量精液，使附睾中贮存的精液排空，而公猪体内精子的再产生与成熟又需要一定时间，因此，采精最好隔日一次，也可以连续采精两天休息一天。青年公猪（1岁）和老年公猪（4岁以上）以后3天采精一次为宜。

4. 采精方法

徒手采精法是目前应用最广泛，效果最好的一种方法。具体操作方法是：采精员右手戴上消毒的乳胶手套，蹲在假台畜左后侧，待公猪爬跨后，用0.1%高锰酸钾溶液将公猪包皮及周围皮肤洗净消毒，并擦干。当公猪阴茎伸出时，即用右手心向下握住公猪阴茎，前端的螺旋部，不让阴茎来回抽动，并顺势小心地把阴茎全部接出包皮外，掌握阴茎的松紧度以不让阴茎滑脱为准，手指有弹性而有节奏调节压力，刺激性欲，并将拇指和食指稍微张开露出阴茎前端的尿道外口，以便精液顺利射出。这时左手持带有过滤纱布的保温的集精杯收集精液。起初射出的精液多为精清，且混有尿液和脏物，不宜收集，待射乳白色精液时，再收集。同时用拇指随时拔除排出的胶状物，以免影响精液过滤。公猪第一次射精停止，再重复上述手法使公猪第二次、第三次射精，直至射完为止。待公猪射完精后，采精员顺势用手将阴茎送入包皮中，并把公猪慢慢地从假台畜上赶下来。采集的精液应迅速放入30℃的保温瓶或恒温水浴锅中，以防温度变化。

二、精液品质的检查

1. 射精量

以猪的射精量平均为250毫升，范围是150~500毫升，每次射出的精子总数200亿~800亿个。射精量可从集精瓶的刻度上直接读出。

2. 颜色和气味

正常的公猪精液颜色是乳白色或灰白色，具有一种特殊的腥味。精液乳白程度越浓，表明精子数量越多，颜色和气味异常的精液不宜使用。

3. pH值

公猪精液正常的pH值在6.8~7.8，呈弱碱性，微咸。可用"万能试纸"进行测定。

4. 精子密度

它是指每毫升精液中所含的精子总数。猪的精子密度比较稀，平均每毫升1亿~2亿个，用估测法在显微镜下观察，根据视野内精子分布情况评为密、中、稀三级。密：精子密集，精子间的距离小于 1 个精子（每毫升约 3 亿）。中：精子间能容纳 1~2 个精子（每毫升约 2 亿）。稀：精子间距很大，能容纳 2 个以上精子（每毫升约 1 亿）。

精子密度比较精确的检查方法是用血球计数器来计数。

5. 精子活力

它是指精子的运动能力，用镜检视野中呈直线运动的精子数占精子总数的百分比来表示。检查方法是：取一滴精液置载玻片上，盖上盖玻片，使精液内无气泡，然后在显微镜下放大 150~200 倍，计算一个视野中呈直线运动的精子数目来评定等级。一般分为 10 级，100% 的精子都是直线运动的为 1.0 级，90% 为 0.9 级，80% 为 0.8 级，依次类推。活力在 0.5 级以下的精液不宜使用。检查时环境温度宜在 37~38℃通常在保温木箱中进行，内装 15~25 瓦的灯泡，精子活力是精液检查的主要指标，应于采精后，稀释后，输精前分别做出检查。

6. 畸形精子率

正常精子形似长蝌蚪，凡精子形态为卷尾、双尾、折尾、大头、小头、长头、双头、大颈、长颈等的均为畸形精子。将精液涂在载玻片上，干燥 1~2 分钟后，用 95% 的酒精固定 2 分钟，用蒸馏水冲洗，再干燥片刻后，用美蓝或红蓝黑水染色 3 分钟，再用蒸馏水冲洗，干燥后即可镜检，镜检时，通常计算 500 个精子中的畸形精子数，求其百分率。一般猪的畸形精子率不能超过 18%。

三、精液的稀释，标记与分装

稀释液的配制。精液稀释液应当天用当天配，隔天不得再用，建议配方如下。

配方 1：鲜奶或奶粉稀释液，将新鲜牛奶通过 3~4 层纱布，过滤 2 次，装在三角烧瓶或烧杯内，放在水浴锅里，煮沸消毒，10~15 分钟后取出，冷却后，除去浮在上面的乳皮，重复 2~3 次即可使用。奶粉稀释液配制方法同上，按 1 克奶粉加水 10 毫升的比例配制。

配方 2：糖-柠-卵稀释液，即取食用蔗糖 5 克，柠檬酸钠 0.3 克，加蒸馏水到 100 毫升，煮沸消毒，冷却，取上述溶液 97 毫升，加入新鲜鸡蛋黄 3 毫升，充分混合后待用。

配方 3：葡萄糖稀释液，取无菌水，葡萄糖 5 克，柠檬酸钠 0.3 克，乙二胺四乙酸二钠 0.1 克，加蒸馏水到 100 毫升。

上述各种稀释液，在稀释时按每毫升加入青霉素 200 单位和链霉素 200

微克。

市场也有销售好的成品稀释剂，用时只用按其说明和比例加入蒸馏水即可。

稀释方法。稀释倍数主要根据精液的精子密度而定，一般为 2~3 倍，通过稀释后，每毫升应含的精子数不低于 0.4 亿个。稀释精液时，应测量原精液的温度，调整稀释液的温度，使两者温度差不超过 2℃，然后慢慢调整稀释液沿瓶壁倒入精液瓶内，轻轻地搅拌混匀。

精液的标记。不同品种猪的精液加不同颜色的无毒色素，以标记品种。建议杜洛克加红色，大约克夏加绿色，长白加黄色，地方品种无色。

稀释后精液的分装。稀释的精液需检查精子活力，若证明稀释的过程没问题，可以进行分装。用消毒过的漏斗把稀释后的精液分装入贮精瓶内，每瓶装 20 毫升或 25 毫升，装完后用瓶塞加盖，贴上标签，标明公猪号，采精时间，精液数量等，再用白蜡加封瓶口，分装使用或进行贮藏。

四、精液的保存与运输

精液的保存方法常用的有常温保存和低温保存两种。

常温保存指在 15~20℃室温下保存精液，一般可保存 2~3 天。常温保存的方法是：将分装好的贮精瓶装在塑料袋里，浸在冷水中每天换水一次，或放入广口保温瓶中，用胶皮管通入不断循环的自来水，获得较好的常温恒温效果；或把包装好的精液放在塑料桶内，系上绳子深入水井或地窖保存精液。低温保存的方法是：把分装好的贮精瓶用纱布包裹好，放入冰箱底层，等 5~10 分钟后移入冰箱中层保存。在没有冰箱设备的地方可用广口瓶（冰壶）装入冰块作冰源，将包裹好的贮精瓶放入广口保温瓶，定期倾去瓶内融化的冰水，添加溜冰块，保持恒温。在冰源缺乏的条件下，可用食盐 10 克溶解于 1 500 毫升冷水中，加入氯化铵 400 克，配好后装入保温瓶中，温度可降到 2℃左右，造成低温条件保存精液。

精液运输是地区之间交换精液。扩大良种公猪利用率，加速猪种改良，保证人工授精顺利进行的必要环节。精液运输与精液保存条件一致，切忌温度发生剧烈变化并防止运输过程中振荡造成精子死亡。可用广口瓶或疫苗贮运箱（盒）运输精液，运输时间尽可能缩短。

五、输精

1. 输精器具

经过消毒的 30~50 毫升玻璃注射器，猪用输精管，纱布。

2. 输入精液的质量

输精前，应对保存后的稀释精液进行品质检查，精子活力不低于0.5级的精液方可用来输精。输精时精液温度要求为35℃，保存的精液需逐步缓慢升温。

输精操作。先用自来水清洗母猪阴部，最好再用高锰酸钾溶液消毒一下，将输精管涂以少许稀释液或精液使之润滑，将输精管先稍斜向上方，然后水平方向插入猪阴户，边旋转边插入待遇到阻力后，稍停顿，轻轻刺激子宫颈10~20秒，可感觉到子宫颈口已开张，输精管可继续向内深入，直至插入子宫颈内不能前进为止，然后向外拉动一点，输精员右手持注射器，缓慢将精液注入子宫内。输完后缓慢抽出输精管，并用手掌按压母猪腰荐结合部，防止精液倒流。输精后，可使母猪缓慢行走，防止排尿，赶回圈舍休息1小时后可喂食。一般母猪一个情期应输精2次，输精量为每次20~25毫升，每次输入精子数不少于8亿个，2次间隔8~12小时。输精后，应立即填写配种记录，做好配种卡片。

第四章 饲料配制及使用

第一节 不同生产阶段猪的营养需要

猪所需要的营养物质是粗蛋白质、碳水化合物、脂肪、维生素、矿物质（包括常量元素和微量元素）和水。这些物质的任何一种缺乏都会严重影响猪的生长发育速度及健康状况。在放养条件下，猪可以通过采食青饲料、泥土等形式获得少部分矿物质、维生素，但在规模化圈养时，除水外，这些养分必须通过饲料获得。

在配合饲料中，通常使用的玉米、豆粕、麸皮等"大料"主要提供粗蛋白质、碳水化合物和脂肪、而维生素和矿物质必须由预混料中额外添加才能得到满足。

一、母猪的营养特点

供给合适的营养水平是保证母猪高繁殖力的基本保证。母猪通过胎盘和乳汁供给仔猪营养，合适的养分摄入可确保仔猪健康快速成长。

母猪营养的突出特点是"低妊娠高泌乳"。妊娠期供给相对低的营养水平，以防止母猪过肥而难产、奶水不足、压死仔猪增加、断奶后受孕率下降；妊娠阶段一般都实行限饲的饲喂方法。

泌乳期的母猪需要高的营养水平以供给不断生长的仔猪，而且也使在断奶后体重不至于减少太多，以利于尽快发情配种这个阶段饲粮要求消化能达到3 200千卡/千克，粗蛋白质至少达到15%以上。

二、乳、仔猪的营养特点

乳、仔猪的营养是所有阶段猪中最复杂的。营养供给不合理的直接后果是猪只生长缓慢、腹泻率高、死亡率高，进而使中大猪阶段生长缓慢、延长出栏时间。

新生仔猪消化系统发育尚不完善，消化酶分泌能力弱，只能消化母乳中乳脂、乳蛋白和碳水化合物，直接供给以玉米、豆粕为主的全价配合饲料，容易引起仔猪腹泻。仔猪腹泻分营养性腹泻和病菌性腹泻两种，刚断奶仔猪的腹泻，往往是营养性腹泻。导致仔猪营养性腹泻的机理是：仔猪对全价配合饲料的消化率低，大量未消化的碳水化合物进入大肠，大肠中大量微生物借助这些碳水化合物迅速繁殖，微生物发酵会产生大量的挥发性脂肪酸和其他渗透活性物质，打破了肠壁细胞的内外渗透平衡，水分从细胞内渗透到肠道中，增加了肠内容物的水分含量，导致腹泻。在此过程中，豆粕所含的大豆抗原可引起仔猪肠道的过敏性反应，加剧腹泻。因为上述原因，乳、仔猪饲粮中需要使用易消化的原料，如乳清粉、喷雾干燥血浆蛋白粉、膨化大豆等，同时，需添加助消化的酸制剂、酶制剂等。

三、后备公猪

后备公猪和后备母猪基本相似，必需自由采食，当体重大约100千克时选为种用，以便可以评定其潜在的生长速度和瘦肉增重。这些猪选为种用后，应限制能量摄入量，以保证其在配种时具有理想的体重。

在后备公猪发育期间，蛋白质摄入不足会延缓性成熟，降低每次射精的精液量，但是轻微的营养不足（日粮粗蛋白质水平为12%）所造成的繁殖性能的损伤可很快恢复。

四、种公猪

合理的营养水平，是公猪配种能力的主要影响因素。公猪的性欲和精液品质与营养，特别是蛋白质的品质有密切关系。种公猪的能量需要分为两个时期：非配种期和配种期。非配种期的能量需要为维持需要的1.2倍，配种期的能量需要为维持需要的1.5倍。种公猪精液干物质的主要成分是蛋白质，其变动范围是3%~10%。在大规模饲养条件下，种公猪饲喂锌、碘、钴、锰对精液品质有明显提高作用。

在实际生产中，公猪是种猪群的重要组成部分，但经常被生产者忽略。种公猪理想的繁殖性能具有很重要的价值，因为相对较小数量的种公猪要配相当大数量的母猪。一些研究已经确定了种公猪的营养需要，但这些推荐是建立在良好的圈舍和环境条件基础上的。下面是种公猪日粮的安全临界：蛋白质13%、赖氨酸 0.5%、Ca 0.95%、P 0.80%。

要根据公猪的类型、负荷量、圈舍和环境条件等来评定所饲养的猪群，特殊的条件应当对营养作适当的改动。饲养种公猪能够保持其生长和原有的情况即可，不可使其过肥。应保持成年种公猪较瘦，而能积极正常工作的状态。过于肥胖的体况会导致种公猪性欲下降，可能产生肢体病。每天单独饲喂公猪 2次，种公猪的饲喂量一般以每天每头给 2.0 千克为标准，根据体况和使用情况适量增加或减少，过肥的应少于 2 千克，体况瘦的可增加 0.5~1 千克，配过种后可适当增加 0.5 千克。全天 24 小时提供新鲜的饮水。

配种公猪能量需要量是维持配种活动、精液生成、生长需要的总和。根据配种公猪每次射出精液的平均能量含量（62 千卡 DE）及能量利用率的估计值（0.60），估测了精液生成所需能量。即每次射精的能量需要为 103 千卡 DE。

配种公猪似乎并没有特殊的氨基酸需要。配种公猪对含硫氨基酸，也许还有赖氨酸的需要相对较多。蛋白质摄入不足降低公猪的精液浓度和每次射精的精液总数，而且降低性欲和精液量。每天提供 360 克蛋白质和 18.1 克总赖氨酸的日粮（蛋白质 15.3% 和赖氨酸 0.83%），可维持公猪良好的性欲和精液特性。为避免体重过度增加，通常对成年公猪的采食量进行限制。因此，每天氨基酸的摄入量比日粮氨基酸浓度更重要。

五、生长育肥猪的营养需要

生长育肥猪的经济效益主要是通过生长速度、饲料利用率和瘦肉率来体现的，因此，要根据生长育肥猪的营养需要配制合理的日粮，以最大限度地提高瘦肉率和肉料比。

动物为能而食，一般情况下，猪日采食能量越多，日增重越快，饲料利用率越高，沉积脂肪也越多。但此时瘦肉率降低，胴体品质变差。蛋白质的需要更为复杂，为了获得最佳的肥育效果，不仅要满足蛋白质量的需求，还要考虑必需氨基酸之间的平衡和利用率。能量高使胴体品质降低，而适宜的蛋白质能够改善猪胴体品质，这就要求日粮具有适宜的能量蛋白比。由于猪是单胃杂食动物，对饲料粗纤维的利用率很有限，研究表明，在一定条件下，随饲料粗纤维水平的提高，能量摄入量减少，增重速度和饲料利用率降低。因此猪日粮粗纤维不宜过高，肥育期应低于 8%。矿物质和维生素是猪正常生长和发育不可缺少的营养物质，长期过量或不足，将导致代谢紊乱，轻者增重减慢，严重的发生缺乏症或死亡。生长期为满足肌肉和骨骼的快速增长，要求能量、蛋白质、钙和磷的水平较高，饲粮含消化能 12.97~13.97 兆焦/千克，粗蛋白质水平为 16%~18%，适宜的能量蛋白比为 188.28~217.57 克/兆焦 DE，钙 0.50%~0.55%，磷 0.41%~0.46%，赖氨酸 0.56%~0.64%，蛋氨酸+胱氨酸 0.37%~0.42%。肥育期要控制能量，减少脂肪沉积，饲粮含消化能 12.30~12.97 兆焦/千克，粗蛋白质水平为 13%~15%，适宜的能量蛋白比为粗蛋白质 188.28 克/兆焦 DE，钙 0.46%，磷 0.37%，赖氨酸 0.52%，蛋氨酸+胱氨酸 0.28%。

第二节　饲料原料及主要营养成分

一、玉米

玉米能量含量高，粗纤维含量少，容易消化，是优良的能量饲料。但蛋白质含量偏低，且品质较差。一般要求水分小于 14%，水分高时易发霉变质。外观要求籽粒饱满整齐、均匀、无发霉、虫蛀、灰分少。

二、麦麸

麦麸也是一种能量饲料，同时还含有较高的蛋白质。因为纤维含量较高，仔猪用量较少，中、大猪和繁殖母猪用量较多。

三、豆粕

豆粕是饼粕类饲料中最好的蛋白质饲料，蛋白质含量 40%~45%，且氨基酸组成好，赖氨酸含量高。豆饼与豆粕相比，能量稍高而蛋白质偏低，同样是较好的蛋白饲料。

四、棉粕、菜粕、花生粕

都是蛋白饲料。蛋白质含量分别在 43%、38% 和 44% 左右；但棉粕和菜粕粗纤维含量和抗营养物质含量高，乳猪饲料一般不用，中大猪饲料中用量常在 8% 以下。花生粕易发霉产生毒素，用时应注意。

五、鱼粉

鱼粉是一种优良的动物蛋白饲料。国产鱼粉蛋白含量 50% 以上，进口鱼粉 60% 以上，其他的营养物质含量也较高。由于价格较贵，用量在 1%~3%。购买时要防止掺假。

第三节　饲料选购及配制

一、预混料

预混料是维生素、微量元素和其他必需微量添加成分的混合物，它可称为配合饲料的核心。预混料再加上蛋白质饲料和能量饲料就配合成了全价饲料。所以按照厂家说明自己添加玉米、麸皮（米糠）再添加一定比例的蛋白质饲料就可以饲喂。有时还会应养殖户要求或生产情况，加入少量的预防药物，如中草药等。

预混料占全价配合饲料比例很小，一般为 1%~6%，价格相对便宜；利润相对大一点，自己配制能保证玉米豆粕等新鲜；质量更好些，根据情况灵活掌握，所以喂预混料的猪比较平稳，少生病，长肉快而好。

预混料在饲料中所占比例很小，直接混合很难搅匀，不均匀可能导致中毒（应先将添加剂预混料混于少量饲料中，逐步扩大混合量，从而达到均匀搅拌的目的）；预混料是粉料，饲喂时会有粉尘吸入，造成猪病增多，需拌水，劳动量大了点，造成劳动成本增加，如果用的是食料槽太细了不下料，太粗了饲喂效果又不太好；预混料需要库存原料，加大了资金投入，降低了资金利用率。

二、浓缩料

浓缩料就是俗语中的精料，又称为蛋白质补充饲料，按照饲养标准，把各种蛋白质原料（如鱼粉、豆粕）与矿物质饲料（骨粉石粉等）及添加剂预混料配制而成的配合饲料半成品。需再掺入一定比例的能量饲料（玉米、高粱、大麦等）就成为满足动物营养需要的全价饲料，它一般占全价配合饲料的20%~30%，但不需要再添加其他添加剂。

浓缩料一般要求粗蛋白质在 30% 以上，矿物质和维生素含量也高于猪需要量的 3 倍以上，因此不能直接投喂，以防中毒，必须按一定比例与能量饲料互相配合混合均匀后饲喂，这样，才能发挥浓缩饲料的真正效果和作用。饲喂时应当采用生干料拌湿后饲喂，供足清洁卫生的饮水，不要喂稀料，更不要煮熟后饲喂。

浓缩料成本和预混料比起来要高 0.2~0.4 元/千克，蛋白含量与全价料相比，因添加的豆粕不够而有所降低。

三、全价料

全价料是营养价值全面的配合料，由蛋白质饲料（如鱼粉、豆类及其饼粕等）、能量饲料（如玉米、麦麸等）、粗饲料（仅在低标准配合料中使用）和添加剂（除去粮食及其副产品以外的添加物叫添加剂）四部分组成的配合料。组分比例最大的是能量饲料，占总量的 55%~75%，其次是蛋白质饲料，占总量的 20%~30%，再次是矿物质营养物质，一般 ≤5%，其他如氨基酸、维生素类和非营养性添加物质（保健药、着色剂、防霉剂等），一般 ≤0.5%可以直接用来饲喂。

全价料为颗粒料的，浪费较粉料要小，效果也好；全价料配方更科学，把各种原料按一定比例混合，以达到合理利用各种原料的营养成分；全价料直接用来饲喂方便，节省了劳动成本；全价料水分含量较低，便于储存；另外全价料一般都经过高温制粒和适度膨化后能最大限度改善饲料的利用率，大幅度提高饲料在猪体内的消化吸收。

全价料成本高，和预混料相比，要高 0.4~0.8 元/千克；因为看不到饲料的组成成分（部分厂家为降低饲料成本用小麦代替玉米作为能量饲料）；经 70~90℃制粒，会破坏维生素（50%左右），酸、酶制剂活性减少 80%左右，木聚糖酶减少 90%，抗病力情况也不如上面两种。

小猪消化系统不甚完善，用全价料能促进小猪的消化，减少腹泻，为快速生长打下良好的基础。中猪用预混料、浓缩料、全价料都可以，效果都不错，而且可以随时拌药，为预防生病，大猪期最好用浓缩料或全价料，因为大猪食量大，劳动强度大，建议用全价料省工省力，一人可以管理多头，以创造更多的利润。当然可因地制宜，根据当地情况还有猪场的实际情况而定。目前养猪形势不太乐观，正处于养猪业的低谷阶段，管理好的猪场，多少有些利润，合理选择饲喂方式和管理行为，才能最大限度增加利润。

四、选择注意事项

有产品标签，标签内容应包括产品名称、饲用对象、产品登记号或批准文号、饲料主要原料类别、营养成分分析保证值、用法与用量、净重、生产日期、厂名和厂址等。

有产品说明书，内容包括推荐饲喂方法、预计饲养效果、保存方法及注意事项等。

必须有产品合格证，证上必须加盖检验人员印章和检验日期。

有注册商标，并应标注在产品标签、说明书或外包装上。

看原料色泽、根据原料的色泽可大概判断饲料是否稳定，但色泽不是决定饲料好坏的唯一标准，看看色泽是否一致均匀，颗粒度是否均匀，有否结块、发霉现象。

闻气味，是否有发霉油脂哈喇味、酒糟味、氨气味（尿素等非蛋白氮形成的）及其他异味。

尝到饲料香甜可口，不刺喉咙，不苦，无异味。

第四节　饲料原料与配合饲料的保管及安全用料

一、原料贮存控制方案

1. 装卸工序的控制

（1）装卸工装卸原料时接受仓库管理员的管理。

（2）装卸工在装卸时不能用手钩去搬运，在搬运过程中要轻拿轻放，注意包装的封口是否结实，包装有无破损，发现上述情况即时就地解决。

（3）装卸工不得损坏标识。

（4）装卸完成后按原料保管要求清理现场。

2. 贮存工序的控制贮存场所的环境要求

（1）简易仓库：临时存放稳定性强原料的场所，如石粉等，要求地面不积水，防雨。

（2）大宗原料库：存放玉米、豆粕、棉粕、次粉等大宗原料的场所，要求能通风，防雨，防潮，防虫，防鼠及防腐等。

（3）添加剂原料库：存放微量元素、维生素、药品添加剂等原料的场所，除能通风、防雨、防潮、防虫、防鼠及防腐外，还要求防高温、避光。

（4）每日工作完毕后要对各个仓库进行清扫，整理和检查，发现问题及时处理。定期对原料贮存场所进行消毒。

3. 贮存场所的原料验收

（1）原料入库前要进行下列检查：包装是否完整，有无破损，实物和包装标识内容和合同是否相符，有无检验合格单等。

（2）不符合质量或待检的原料，由原料保管做出明显标记，隔离并妥善保管。

（3）入库原料的堆放要求。

（4）原料入库要放至不同库房，分类垛放，下有垫板，各垛间应留有间隙，并做好原料标签，包括品名、时间、进货数量、来源，并按顺序垛放。

二、配合饲料的保管

配合饲料在贮藏期间因水分、温度、湿度、虫害、鼠害、微生物等因素而受损，因此要采取相应的措施以避免其危害。

1. 水分和湿度

配合饲料的水分一般要求在 12% 以下，如果将水分控制在 10% 以下，即水分活度不大于 0.6，则任何微生物都不能生长；配合饲料的水分大于 12%，或空气中湿度大，配合饲料会返潮，在常温下易生霉。因此，配合饲料在贮藏期间必须保持干燥，包装要用双层袋，内用不透气的塑料袋，外用纺织袋包装。贮藏仓库应干燥，通风。通风的方法有自然通风和机械通气。自然通风经济简便，但通风量小，机械通风是用风机鼓风入饲料垛中，效果好，但要消耗能源，仓内堆放，地面要铺垫防潮物，一般在地面上铺一层经过清洁消毒的稻壳、麦麸或秸秆，再在上面铺上草席或竹席，即可堆放配合饲料。

2. 虫害和鼠害

害虫能吃绝大多数配合饲料成分，由于害虫的粪便，躯体网状物和恶味，而使配合饲料质量下降，影响大多数害虫的生长的主要因素是温度，相对湿度和配合饲料的含水量。这类虫监制的适宜生长温度为 26~27℃，相对湿度 10%~50%，低于 17℃时，其繁殖即受到影响。一般蛾类吃配合饲料的表面，甲虫类则吃整个配合饲料，在适宜温度下，害虫大量繁殖，消耗饲料和氧气，产生二氧化碳和水，同时放出热量，在害虫集中区域温度可达 45℃，所产生之水气凝集于配合饲料表层，而使配合饲料结块，生霉，导致混合饲料严重变质，由于温度过高，也可能导致自燃。鼠类啃吃饲料，破坏仓房，传染病菌，污染饲料，是危害较大的一类动物。为避免虫害和鼠害，在贮藏饲料前，应彻底清除仓库内壁，夹缝及死角，堵塞墙角漏洞，并进行密封熏蒸处理，以减少虫害和鼠害。

3. 温度

温度对贮藏饲料的影响较大，温度低于 10℃ 时，霉菌生长缓慢，高于 30℃ 则生长迅速，使饲料质量迅速变坏；饲料中饲料中不饱和脂肪在温度高、湿度大的情况下，也容易氧化变质。因此配合饲料应贮于低温通风处。库房应具有防热性能，防止日光辐射热透入，仓顶要加装隔热层；墙壁涂成白色，以减少吸热；仓库周围可种树遮阳，以避日光照射，缩短日晒时间。

三、安全用料

1. 不能单从感观指标来判断饲料质量的优劣

有一些养殖户习惯从一些简单的外观、气味指标来判断饲料质量，认为颜色黄、味道香或者腥味重的饲料就是好饲料；把饲料溶于水后，能见到豆粕的就是好饲料；手抓起来，感觉光滑的就是好饲料。其实这些方法只能了解饲料的某一方面信息，且容易以偏概全。饲料生产中可以通过添加色素、控制饲料原料的粉碎粒度、添加香味剂和腥味剂等来满足一些人对这些表现的追求，但是实际上，这些外观指标和饲料内在的质量没有必然的联系。因此，单纯从外观来判断饲料的质量优劣是不科学的，也是不可取的。

2. 饲料产品的气味理应是原料固有的

但是随着调味剂的出现和大量使用，人们在很大程度上已经无法分辨产品的气味到底是饲料原料原有的还是调味剂引起的作用，添加饲料香味剂的主要目的是掩盖饲料的不良气味。有关香味剂对动物采食量影响的研究，结果褒贬不一。香味剂只是改变了产品的气味，对饲料本身没有什么营养价值，若片面追求感观效果，过量添加有可能产生某些毒副作用，甚至影响胴体品质，降低其商品利用率。有些劣质饲料为了掩盖一些变质原料产生的霉味而加入较高浓度的香味剂，因此有些饲料尽管特别香，但并不是好饲料。养殖户应该更多地关注饲料的饲喂效果，不要被产品表面的现象所迷惑。

3. 由于原料本身大都是黄色的

如玉米、豆粕、玉米蛋白粉等，而杂粮多为黑褐色。有的企业则误导用户：饲料颜色越黄证明豆粕越多，饲料越好。但以氨基酸平衡理论为基础配制的添加杂粮的日粮，不但价格便宜，生产性能也不错，而且能充分利用我国现有的饲料资源。虽然颜色较深，并不能说饲料不好。同时，对于动物而言，草食动物爱绿色，肉食动物爱红色，猪对颜色不敏感，所以并不是饲料颜色越黄越好。

4. 粗蛋白质含量是由饲料中氮的含量乘以 6.25 所得到的数据

粗蛋白质含量的高低反映了饲料中氮元素含量的高低。而动物需要的是可消化的氨基酸，而不是粗蛋白质或者说是氮元素。例如，尿素等非蛋白含量可以达到100%~200%，不能说尿素是比豆粕和鱼粉更好的蛋白质原料。同样是氨基酸态的真蛋白质、如羽毛粉和晒干的血粉，粗蛋白质含量很高，但其消化率非常低，是差的蛋白质原料。所以对于饲料而言，更应当注重的是饲料的可消化蛋白质或氨基酸的含量，注重饲料的实际使用效果，而不是标签上的蛋白质含量。

5. 对于断奶乳猪饲料而言，解决乳猪拉稀是一个较大的难题

有的用户认为只要乳猪不拉稀，饲料就是好饲料。而乳猪拉稀是由各种各样的原因引起的：主要有营养性腹泻、病毒性腹泻、细菌性腹泻。饲料管理、卫生条件、温度、湿度、通风、病原菌、饲料污染、酸败等原因都可能导致乳猪拉稀，通过大量的药物添加或收敛的应用，可以解决拉稀的问题，但同时影响了猪的生长，使断奶仔猪体重减轻或停止生长、大大影响猪的后期生长速度。正确的做法是合理使用抗生素，加强管理，减少营养性腹泻，保障断奶期间仔猪不但不掉重，而且有较大的体重增长，这样，猪只后期的增重会更加明显。

6. 硫酸铜作为乳仔猪的促生长饲料添加剂已得到业内广泛认同

铜添加到200~250克/吨时促生长效果明显，这样剂量的一个附带的结果是猪粪便颜色黑，而超过250克/吨不但没有更好的促生长效果，而且容易造成动物中毒。同时高铜对于中大猪，没有乳仔猪那样好的促生长效果。由于误导，有的用户不但要求所有的小、中、大猪粪便黑就都黑，还希望明显看到饲料中有铜的颗粒。可见这是不科学的。在中大猪饲料中滥用高铜，增加了饲料成本、浪费了宝贵的铜资源、增加了环境污染，对猪的脏器也造成了损伤。

7. 不能以猪粪黑不黑作为衡量饲料质量的标准

猪粪黑是由于饲料中添加了高剂量的硫酸铜造成的。高铜对于30千克前的小猪有很好的促生长作用，但一味追求中大猪的粪便黑并以此评判饲料的好坏，则陷入了严重的误区。中大猪如使用高铜配方，粪便是黑了，但对生长速度已没有作用，过量的使用铜将造成粪便中铜的大量排泄，既浪费了宝贵的铜资源，成本增加，又破坏生态环境，而且铜在猪的器官例如肝和肾中过量滞留，对猪本身是一种伤害，其畜产品品质也受到影响。

8. 自配饲料需要养殖户自身具备一定的技术能力、饲料知识和加工条件，且对采购的原料质量要有严格的控制能力

中小型养殖户自配饲料存在以下的质量风险。其一，原料质量的控制，如果选用了营养价值低、品质较差的饲料原料，自己还不知道问题所在，就会导致饲养的动物生长慢、饲养周期长、喂的饲料多，综合成本反而会更高。其

二，自配料的营养不全面或不平衡，少用或不使用添加剂，甚至采用单一饲料，每千克料的单价是低了，但会导致动物对饲料的消化率低、长得慢、发病率高、成活率差，相对增加了养殖风险和养殖成本。其三，自配料往往质量很难保持稳定，在不同的季节和面临不同原料供求的市场时，调整和对抗风险的能力差，最终提高了养殖成本。

9. 养殖户都注重价格风险因素

一些养殖户认为饲料价位越低，成本越低，其实不然，购买价格过低的饲料存在诸多风险。可能饲料营养不平衡、饲料利用率差，或各种营养指标虽然达到了标准的要求，但使用的原料质量不高，导致动物生长缓慢，饲养周期过长，反而不划算。同时，可能存在售后技术服务无保障等问题。

10. 选择饲料

选择信誉好、质量好和售后服务好的生产企业；了解该种饲料在当地的使用效果；计算每生产 1 千克生猪的饲料成本，成本越低越好；考察饲料的安全性。

第五章　饲养管理

第一节　猪场管理的基础知识

一、组织架构（图5-1）

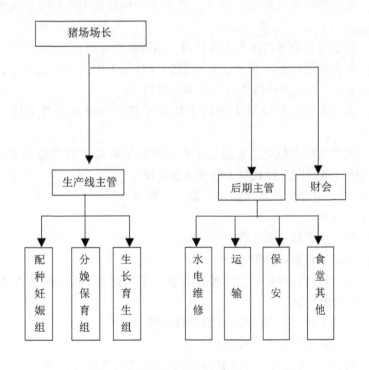

图5-1　猪场组织架构

二、岗位定编

猪场场长1人，生产线主管1人，配种妊娠舍组长1人；分娩保育舍组长1人，生长育成舍组长1人。饲料员定编，配种妊娠组4人（含组长）；分娩保育组4人（含组长），生长育成组6人（含组长），夜班1人。后勤人员按实际岗位需要设置人数：后勤主管、财会、司机、维修、保安、炊事员、勤杂工等。

三、责任分工

1. 场长

（1）负责猪场的全面工作。

（2）负责制定和完善本场的各项管理制度、技术操作规程。

（3）负责后勤保障工作的管理，及时协调各部门之间的工作关系。

（4）负责制定具体的实施措施，落实和完成本场各项任务。

（5）负责监控本场的生产情况，员工工作情况和卫生防疫，及时解决出现的问题。

（6）负责编排全场的生产经营计划，物资需求计划。

（7）负责本场的生产报表，并督促做好月结工作、周上报工作，直接管辖生产线主管，通过生产线主管管理生产线员工。

（8）负责全场生产线员工的技术培训工作，每周或每月主持召开生产例会。

（9）负责做好本场员工的思想工作，及时了解员工的思想动态，出现问题及时解决，及时向上反映员工的意见和建议。

（10）负责全场直接成本费用的监控与管理。

2. 生产线主管

（1）负责生产线日常工作。

（2）协助场长做好其他工作。

（3）负责执行饲养管理技术操作规程、卫生防疫制度和有关生产线的管理制度，并组织实施。

（4）负责生产线报表工作，随时做好统计分析。

（5）负责猪病防治及免疫注射工作。

（6）负责生产线饲料、药物等直接成本费用的监控与管理。

（7）负责落实和完成场长下达的各项任务。

（8）直接管辖组长，通过组长管理员工。

3. 组长

（1）配种妊娠舍组长。

①负责组织本组人员严格按照《饲养管理技术操作规程》和每周工作日程进行生产，及时反映本组中出现的生产和工作问题。

②及时反映本组中出现的生产和工作问题。

③负责整理和统计本组出现的生产和工作问题。

④本组人员休息替班。

⑤负责本组定期全面消毒、清洁绿化工作。

⑥负责本组饲料、药品、工具的使用计划与领取及盘点工作。

⑦服从生产线主管的领导，完成生产线主管下达的各项生产任务。

⑧负责本生产线配种工作，保证生产线按生产流程运行。

⑨负责本组种猪转群，调整工作。

⑩负责本组公猪、后备猪、空怀猪、妊娠猪的预防注射工作。

（2）分娩保育舍组长。

①负责组织本组人员严格按《饲养管理技术操作规程》和每周工作日程进行生产。

②及时反映本组中出现的生产和工作问题。

③负责整理和统计本组的生产日报表和周报表。

④本组人员休息替班。

⑤负责本组定期全面消毒，清洁绿化工作。

⑥负责本组饲料、药品、工具的使用计划与领取及盘点工作。

⑦服从生产线主管的领导，完成生产线主管下达的各项生产任务。

⑧负责本组空栏猪舍的冲洗消毒工作。

⑨负责本组母猪、仔猪转群、调整工作。

⑩负责哺乳母猪、仔猪预防注射工作。

（3）生长育成舍组长。

①负责组织本组人员按《饲养管理技术操作规程》和每周工作日程进行生产。

②及时反映本组中出现的生产和工作问题。

③负责整理和统计本组的生产日报表和周报表。

④本组人员休息替班。

⑤负责本组定期全面消毒，清洁绿化工作。

⑥负责本组饲料、药品、工具的使用计划与领取及盘点工作。

⑦服从生产线主管的领导，完成生产线主管下达的各项生产任务。

⑧负责肉猪的出栏工作，保证出栏猪的质量。

⑨负责生长、育肥猪的周转、调整工作。

⑩负责本组空栏猪舍的冲洗、消毒工作。

⑪负责生长、育肥猪的预防注射工作。

（4）饲养员。

①辅配饲养员。

协助组长做好配种、种猪转栏、调整工作；

协助组长做好公猪、空怀猪、后备猪的饲养管理工作；

负责大栏内公猪、空怀猪、后备猪的饲养管理工作。

②妊娠母猪饲养员。

协助组长做好妊娠母猪转群、调整工作；

协助组长做好妊娠母猪预防注射工作；

负责定位栏内妊娠猪的饲养管理工作。

③哺乳母猪、仔猪管理员。

协助组长做好临产母猪转入、断奶母猪及仔猪转出工作；

协助组长做好哺乳母猪、仔猪的预防注射工作。

④保育猪饲养员。

协助组长做好保育猪转群、调整工作；

协助组长做好保育猪预防注射工作。

⑤生长育肥猪饲养员。

协助组长做好生长育肥猪转群、调整工作；

协助组长做好生长育肥猪预防注射工作。

第二节　种公猪管理

公猪的饲养管理目标就是维持公猪合适的膘情，保持体表卫生，肢蹄强壮，性欲旺盛，精液品质好，生精量大。而母猪在猪群增殖中对每窝仔猪的优劣也起着相当的作用，俗话讲："母猪好，好一窝；公猪好，好一坡"，可见公猪在生产中的作用之大。

一、公猪生殖生理特点

射精量大。250 毫升/次（150~500 毫升/次）总精子数目多（1.5 亿/毫升）。

交配时间长。5~10 分钟，长的达 20 分钟以上。

精液组成。精子占 2%~5%，附睾分泌物占 2%，精囊分泌物占 15%~20%，前列腺分泌物占 55%~70%，尿道球腺分泌物占 10%~25%。精液化学成分：H_2O 97%，CP 1.2%~2%，EE 0.2%，Ca 0.916%，NFE 1%，其中 CP 占 60% 以上。

二、种公猪的饲养

种公猪精液中干物质的主要成分是蛋白质（3%~10%），精液量大（250 毫升/次），总精子数目多（1.5 亿个/毫升）、交配时间长等特点，需要消耗较多的营养物质，特别是蛋白质，所以，必须给予足够的氨基酸平衡的动物性蛋白质。在配种高峰期可适当补充鸡蛋、矿精、多维等；对能量要求不高；另外，对维生素 A、维生素 E、钙、磷、硒等营养要求较高，在大规模饲养条件下，饲喂锌、碘、钴、锰对精液品质有明显提高作用。

体重 75 千克以前的后备公猪饲养管理与生长猪相同；体重 75 千克以上的后备公猪逐步改喂公猪料。

种公猪的营养需要与妊娠母猪相近，生产中根据公猪的类型、负荷量、圈舍和环境条件等评定猪群，特殊条件下对营养作适当的调整。

1. 饲养方式

（1）一贯加强的饲养方式。全年均衡保持高营养水平，适用于常年配种的公猪。

（2）配种季节加强的饲养方式。实行季节性产仔的猪场，种公猪的饲养管理分为配种期和非配种期，配种期饲料的营养水平和饲料喂量均高于非配种期。于配前 20~30 天增加 20%~30% 的饲料量，配种季节保持高营养水平，配种季节过后逐渐降低营养水平。

2. 饲喂技术

（1）定时定量，每次不要喂太饱（八九成饱），可采用一天一次或两次投喂，喂量需要看体况和配种强度而定，每天饲料摄入量 2.3~3.0 千克。

（2）全天 24 小时提供新鲜的饮水。

（3）以精料为主，适当搭配青绿饲料，尽量少用碳水化合物饲料，保持中等腹部，避免造成垂腹。

（4）宜采用生干料或湿拌料。

（5）公母猪采用不同饲料类型，以增加生殖细胞差异。公猪为生理酸性日粮，母猪为生理碱性日粮。

（6）保持八九成膘情。实践中由于饲养管理不当，常有发生过肥或过瘦的现象。过肥的结果导致性欲下降，配种能力差，原因大多是饲养不当造成；过瘦也时有发生，主要是生产者都十分重视公猪的饲养管理。若出现过瘦问题，可能的原因有：生病导致食欲下降，营养摄入不够等。

三、公猪的管理

1. 加强运动

可提高神经系统的兴奋性，增强体质，避免肥胖，提高配种能力和抗病力。对提高肢蹄结实度有好处。运动不足会使公猪贪睡、肥胖、性欲低、四肢软弱、易患肢蹄病。

因此，在非配种期和配种准备期要加强运动，在配种期适度运动。一般要求上、下午各运动一次，每次1~2小时，1 000~2 000千米，圈外驱赶或自由运动，夏季早晚，冬季中午进行。

2. 刷拭和修蹄

每天定时用刷子刷拭猪体，热天结合淋浴冲洗，可保持皮肤清洁卫生，促进血液循环，少患皮肤病和体外寄生虫病。这也是饲养员调教公猪的机会，使种公猪温驯听从管教，便于采精和辅助配种。要注意保护猪的肢蹄，对不良的蹄形进行修蹄，蹄不正常会影响活动和配种。

3. 单圈饲养

种公猪必须单栏饲养，否则与公猪合养易相互争咬，造成伤害；与母猪混养要么易性情温顺，失去雄威；要么过早爬跨，无序配种受胎。

4. 定期检查精液品质

实行人工授精的公猪，每次采精都要检查精液品质。如果采用本交，每月也要检查1~2次，特别是后备公猪开始使用前和由非配种期转入配种期之前，都要检查精液2~3次，劣质精液的公猪不能配种。

5. 定期称重

根据体重变化情况检查饲料是否适当，以便及时调整日粮，以防过肥或过瘦。成年公猪体重应无太大变化，但需经常保持中上等膘情。

6. 防寒防暑

种公猪适宜的温度为18~20℃。冬季猪舍要防寒保温，以减少饲料的消耗和疾病发生。夏季高温时要防暑降温，防暑降温的措施有通风、洒水、洗澡、遮阳等方法，各地可因地制宜进行操作。短暂的高温可导致长时间的不育；刚配过种的公母猪严禁用凉水冲身。

7. 防止公猪咬架

公猪好斗，如偶尔相遇就会咬架。公猪咬架时应迅速放出发情母猪将公猪引走，或者用木板将公猪隔离开，也可用水猛冲公猪眼部将其撵走。

8. 搞好疫病防治和日常的管理工作

如保持栏舍及猪体的清洁卫生、防疫灭病等。

（1）驱虫。每年两次用阿维菌素驱虫，每次驱虫分两步进行，第一次用药后 10 天再用一次药。同时每月用 1.5% 的兽用敌百虫进行一次猪体表及环境驱虫。

（2）防疫。每年分别进行两次猪瘟、猪肺疫、猪丹毒、蓝耳病防疫，10 月底和 3 月各进行一次口蹄疫防疫。4 月进行一次乙脑防疫。公猪圈应设严格的防疫屏障及进行经常性的消毒工作。

（3）建立良好的生活制度。饲喂、采精或配种、运动、刷拭等各项作业都应在大体固定的时间内进行，利用条件反射养成规律性的生活制度，便于管理操作。

四、合理利用

1. 初配年龄和体重

公猪性成熟通常比母猪迟，一般在 4~8 月龄，此时身体尚在生长发育，不宜配种使用。一般在性成熟后 2 个月左右可开始配种使用。要求体重达到成年体重的 70%~80%。生产中常有过早配种，由于刚刚性成熟，交配能力不好，精液质量差，母猪受胎率低，且对自身性器官发育产生不良影响，缩短使用寿命。若过迟配种，则延长非生产时间，增加成本，另外会造成公猪性情不安，影响正常发育，甚至造成恶癖。在生产中一般要求小型早熟品种在 7~8 月龄，体重 75 千克配种；大中型品种在 9~10 月龄，体重 100 千克配种。

2. 配种强度

经训练调教后的公猪，一般一周采精一次，12 月龄后，每周可增加至 2 次，成年后 2~3 次。即青年公猪每周配 2~3 次，2 岁以上公猪 1 次/天，必要时 2 次/天，但具体得看公猪的体质、性欲、营养供应等灵活掌握。如果连续使用，应休息 1 天/周。

注意事项：使用过度，精液品质下降，母猪受胎率下降，减少使用寿命；使用过少则增加成本，公猪性欲不旺，附睾内精子衰老，受胎率下降。公猪精子生成、成熟需要42天，如频繁使用造成幼稚型精子配种，增加母猪空怀率，所以公猪必须合理休养使用。

3. 配种比例

本交时公母性别比为1：（20~30）；人工授精理论上可达1：300，实际按1：100配备。

4. 利用年限

公猪繁殖停止期为10~15岁，一般使用6~8年，以青壮年2~4岁最佳。生产中公猪的使用年限，一般控制在2年左右。

五、公猪的调教

开始调教的年龄：小公猪从8月龄开始进行采精调教。

调教持续时间：每次调教时间不超过15分钟；如果公猪不爬跨假母猪，就应将公猪赶回圈内，第2天再进行调教。

基本调教方法：将发情旺盛的母猪的尿液或分泌物涂在假母猪后部，公猪进入采精室后，让其先熟悉环境。公猪很快会去嗅闻、啃咬假母猪或在假母猪上蹭痒，然后就会爬跨假母猪。如果公猪比较胆小，可将发情旺盛母猪的分泌物或尿液涂在麻布上，使公猪嗅闻，并逐步引导其靠近和爬跨假母猪。同时可轻轻敲击假母猪以引起公猪的注意。必要时可录制发情母猪求偶时的叫声在采精室播放，以刺激公猪的性欲。

不易调教的公猪的调教：如果以上方法都不能使公猪爬跨假母猪，可用一头2~3胎的发情旺盛的母猪赶至采精室，然后将待调教的种公猪赶到采精室，当公猪爬跨发情母猪时，在公猪阴茎伸出之前，两人分别抓住其左右耳拉下，当公猪第二次爬跨发情母猪时，用同样的方法将其拉下。这时公猪的性欲已经达到高潮，立即将发情母猪赶走，然后诱导公猪爬跨假母猪，一般都能调教成功。

调教时的采精：当公猪爬跨上假母猪后，采精员应立即从公猪左后侧接近，并按摩其包皮，排出包皮液，当公猪阴茎伸出时，应立即用右手握成空头拳，使阴茎进入空拳中，将阴茎的龟头锁定不让其转动，并将其牵出，开始采精。

注意事项：将待调教的公猪赶至采精室后，采精员必须始终在场。因为一旦公猪爬跨上假母猪时，采精人员不在现场，不能立即进行采精，这对公猪的调教非常不利。调教公猪要有耐心，不准打骂公猪；记住，如果在调教中使公猪感到不适，这头公猪调教成功的希望就会很小。一旦采精获得成功，分别在第2、第3天各采精1次，以利公猪巩固记忆。

第三节　后备、空怀母猪管理

一、后备母猪管理

1. 后备母猪的初配目标

购买 50 千克左右的后备母猪的最大好处就是离配种的时间很长，隔离适应期可延长，主动免疫可得到发展，而且生产者可控制生长速度和性成熟，同时可以分群管理（表 5-1）。

表 5-1　后备母猪初配目标

	最少	目标
隔离和适应期（周）	6	8
配种日龄（天）	200~210	210~230
体重（千克）	120	135~145
背膘厚（毫米）	12	16~18
发情次数（次）	2	3
催情补饲天数（日喂妊娠料 3 千克）	10	14

后备母猪的初配受以下因素影响：体重和体型、初配日龄、初情期、体况（背膘厚）、性成熟（发情次数）。

体重和体型：研究表明将配种推迟至体重为 130 千克时会提高第一窝产仔数，同时也会增加以后各胎次的产仔数和产活仔数。

初配年龄：假如必要的隔离适应已经完成，并且后备母猪的背膘厚和体重生长良好，初配日龄应为 210~230 天。

初情期：环境对初情有显著影响，所以初情期是可变的，而诱发初情是后备母猪管理的重要措施，使其在 165 日龄时可达初情。

背膘厚：体况特别是背膘厚是显示初配时后备母猪发育情况的一个因素。PIC 建议应在背膘厚为 16~18 毫米时配种，而不能低于 12 毫米。

性成熟：性成熟通常取决于后备母猪的发情次数。认真观察和详细记录是鉴别性成熟的关键。在完成 8 周的适应期、发情 3 次后配种。

2. 后备母猪的饲养管理

种猪需要营养来维持母体生长和胎儿发育，如果饲料采食不能满足营养需求，母猪就会消耗体组织来满足需要，这就意味着会消耗瘦肉、脂肪和骨组织。

整个繁殖过程都是相互关联的，不能单独考虑其中的某一部分。体况和饲料采食变化会对哺乳期产生显著影响。同样的，初产母猪的饲养会对母猪的终生繁殖力产生重要影响。为了达到初配目标，后备母猪在体重为 50~100 千克时应自由采食，到 100 千克时至少每天需要饲喂 3 千克含 13~13.5 兆焦 DE/千克和 0.55%~0.65% 赖氨酸的妊娠母猪料，使其在适应期的增重为 5~6 千克/周，背膘会增加 4 毫米。

催情补饲：在配种前 14 天增加能量摄入能增加排卵量，在发情周期的前 7 天减料至 2.75 千克/天，配种前 14 天自由采食或增加至 3.5~3.75 千克/天。但注意不同的环境条件可以改变食欲和采食量。

圈舍：后备母猪饲喂在拥挤的圈舍就很难查情，到达性成熟时最少需 1 平方米，配种时需要 1.4 平方米，此外还需再有 1 平方米的运动、躺卧、粪便场地。

温度：温度是环境气候的组成部分，对生产力有很大影响，温度需求取决于猪体重、采食量、猪群密度、地板类型和空气流速。后备母猪饲喂在水泥地面时的最低临界温度是 14℃，最适温度为 18℃。

通风：后备母猪在集约化条件下所需通风为最低 16 立方米/小时，最高为 100 立方米/小时。

饲喂设备：后备母猪经常群养，把饲料撒在地面上可以尽量减少打斗。而饲喂方式因猪舍类型而异，由于猪只个体差异，有的需要采用单独饲喂，以保持种用体况。采用有隔栏的料槽应使每头后备母猪有 0.4 米宽的采食空间。

饮水：随时保证供应清洁新鲜的饮水，饮水器应定位于活动和排粪区域，以保证睡卧区域的干燥。饮水器应保证最低流量为 1 升/分钟，每只饮水器最多只能供应 8 头猪，连接饮水器的供水管，最好经过睡卧区域，以免冻坏。饮水器应安在排粪区域或漏缝地板上方，高度为 0.7 米。

光照：白天室内光照无论自然光或人工光都应以让猪能看清楚为准。在配种间，能够很清楚地观察发情即可，实际中光照强度为 50 勒克斯即能满足要求。应尽可能地用日光，当需要时才用人工光照，光照时间为每天 16 小时，不足部分可通过人工光照获得。

建议购买的后备母猪应与猪场内的其他猪只采用一致的免疫程序，并严格实施隔离适应程序。

刺激发情：发情可通过许多日常管理，包括同成熟公猪的接触来刺激，这种方法可使发情日龄提前。通常初情期一般在165日龄，有效刺激发情的方法是定期与成熟公猪接触，看、听、闻、触公猪就会产生静立反射。

按体型年龄分群饲喂，在160日龄时开始刺激。

每天让母猪在圈中接触10月龄以上的公猪20分钟，但要注意监视，以避免计划外配种。

使用配种公猪且经常替换，以保持兴趣。记录初次发情。

避免习惯性：如果后备母猪发情后没被发现，并继续与邻近的公猪接触，就会因不熟悉公猪而失去对公猪的兴趣，在以后的发情中，发情症状就不明显。最好的办法是公猪单独饲喂，而将公猪赶到母猪栏内诱情。

二、空怀母猪管理

饲养种猪的目的，在于繁殖量多质优的小猪。猪的繁殖力，是影响养猪生产效益和经济效益的一项重要指标。在一个自繁自养的养猪场内，生产水平高低的第一个决定因素，就是每头种猪一年内育成的断奶小猪数。只有提高种猪的繁殖性能，才可以为以后生长肥育猪的饲养管理提供数量上的保障。

空怀母猪是指尚未配种的或是虽配种而没有受孕的母猪，包括青年母猪和经产母猪。饲养空怀母猪，要抓好两件事：一是要使青年母猪早发情多排卵；二是要使断奶母猪或配过种但没有受孕的母猪，尽快重新配种受孕。

1. 青年母猪的性成熟和开配时间

青年母猪，是指尚未产过仔的母猪，包括后备猪和达到种用年龄，而且已经开配使用的母猪。

青年母猪达到性成熟时，即出现第一次发情（初情期）。母猪初情期的时间与品种本身的生长发育和健康状况有关。本地母猪在3~4月龄、培育品种母猪在4~5月龄、引入品种母猪在5~6月龄时，即达到初情期。后备母猪在生长发育阶段，若摄入了足够的营养，生长发育正常，初情期也较早。若生长发育受阻，或患有慢性消耗性疾病，则会推迟初情期。

一般来说，青年母猪的初情期越早越有利。初情期越早，开配使用的年龄也越早。但这并不意味着在母猪初情期时，即可立即配种，因为母猪第一次发情时的排卵数很少，若在这时配种受孕则窝产仔数也少，而且过早配种使用的母猪，本身的生长发育也会受到很大影响，成年体重小，对母猪繁殖性能的发挥十分不利。青年母猪的排卵数，是随着年龄和发情次数的增长而增加的。从纯粹获得较高产仔数发挥母猪一生的最大繁殖潜力的角度来看，让青年母猪达到初情期时，再延迟几个情期才配种，更为有利。但过度推迟青年母猪的开配时间也不好。因为这样，一是会延长母猪的非生产使用期，二是有一些母猪，特别是瘦肉型品种的母猪，几个情期过后均不配种受孕，以后可能会出现发情不正常，甚至不发情的现象。在发育正常的情况下，青年母猪的开配时间，最好是在第二次发情时开始。

2. 促进母猪发情和排卵措施

青年母猪发情时的排卵数较少，增加其发情时的排卵数，可以提高窝产仔数。因此，饲养青年母猪时，既希望它早发情，又希望它多排卵。经产母猪的排卵数一般在 20~30 个，增加经产母猪的排卵数，对提高窝产仔数的意义不大。但经产母猪断奶后，体况的差异很大，体况越瘦的母猪，重新发情的时间也越迟。只有经过一段时间的加强饲养，等体况恢复正常后，才会正常发情排卵。有一些母猪，在配种后经过妊娠检查，证明并没有受孕但由于体内生殖激素的分泌紊乱，不再表现发情。对以上这三种类型的猪，都必须采取措施，来促进其发情和排卵。

促进母猪发情的排卵的措施很多，常用的有以下几种：

一是公猪的刺激：公猪的刺激，包括视觉、嗅觉、听觉和身体接触，这些刺激，对促进母猪发情的排卵的作用很大。性欲好的公猪和成年公猪的刺激作用，比青年公猪和性欲差的公猪的作用更大。待配种的母猪，应该关养在与成年公猪相邻的栏内，让母猪经常接受公猪的形态、气味和声音的刺激。每天让成年公猪，在待配母猪栏内追逐母猪 10~20 分钟，这些既可以让母猪与公猪直接接触，又可以起到公猪的试情作用。

二是适当的刺激：混栏和驱赶运动，对母猪来说，均是一种应激，对提早发情也有利，因为适当的刺激，可以提高母猪机体的兴奋性。断奶后的空怀母猪和配种后没有怀孕也不表现发情的母猪，最好是每栏 4~5 头小猪混养，但要注意混养的母猪的年龄与体重，相差不要太大，也不要把性情凶狠的母猪与性情温驯的母猪混养在一起，以免打斗过于激烈，造成伤残甚至死亡。有种猪运动场的猪场，最好每天有一定的时间，适当驱赶空怀母猪运动。经过这样适当的应激，一些处于发情静止状态的母猪，会重新表现发情。

三是使用催情料：母猪在配种前，采食高能量水平的日粮，对提高青年母猪的排卵数和帮助断奶后体况较差的母猪恢复正常的体况很有效。体况中等的青年母猪，或断奶后体况较瘦的经产母猪，对催情料的反应比体况肥胖的母猪大。体况中等的青年母猪，在配种前 2 周，或体况较差的断奶母猪，在断奶后开始，可每天喂给专门配制的高能量饲料，或使用常规的空怀母猪料。但每天的投喂量，要比给正常喂料量多 1/3~1/2 的饲料（视体况而定）才可达到催情的目的。

3. 母猪的发情和配种

（1）母猪的发情期。母猪的发情周期为 18~24 天，平均为 21 天。在一个发情周期内，要经历发情前期、发情旺期、发情后期和休情期 4 个阶段。从发情前期到发情后期，总称为发情期。母猪的发情期，因个体的不同而异，最短的只有一天，最长的 6~7 天，一般为 3~4 天。青年母猪的发情期，较经产母猪的短。

在生产实际中，往往很难确定母猪发情开始的时间，只有根据母猪的发情表现，来确定适时的配种时间。母猪的排卵时间有早有迟，持续时间有长有短，为了确保卵子排出时有足够数量活力的精子受精，母猪在一个发情期内，最好用公猪配种 2~3 次。经产母猪每次配种的时间间隔为 24 小时，而青年母猪，因为发情期较经产母猪短，因此，青年母猪每次配种的时间间隔可缩短为 12 小时。

（2）母猪的配种方式。母猪的配种方式按配种的次数来分有单次配种、双重配种和重复配种；按交配的形式来分，有本交和人工授精。

单次配种：母猪在一个发情期内，只用一头公猪配一次。

双重配种：母猪在一个发情期内，用两头公猪先后相隔 10 分钟左右各配一次。

重复配种：母猪在一个发情期内，用一头或几头公猪，相隔 12 或 24 小时先后配种 2~3 次，此配种方式最佳。

有些母猪发情时，外部表现十分明显，或虽有发情表现，但公猪不在场时，没有站立反射的出现，这时，需要用公猪试情，方能确定母猪是否发情，以及是否达到配种的最佳时间。用公猪试情时，把性欲旺盛的公猪，赶进待配母猪栏内，让公猪寻找发情母猪。当公猪出现爬跨母猪而母猪出现站立反射时，再把母猪赶进配种栏内，用指定的公猪与其配种。

第四节　妊娠、哺乳母猪管理

一、妊娠母猪管理

配种管理的目标是用健康的公猪与符合种用体况的母猪适时配种以提高受孕率和产仔数，妊娠管理的重点在于控制流产、死胎和木乃伊。

1. 母猪的发情周期

除了怀孕和哺乳外，健康母猪会在一生中出现周期性发情。排卵和发情周期的关系如表5-2所示。

表5-2　母猪的发情与排卵

	平均	变化范围
发情周期（天）	21	18~23
发情时间（小时）	53	12~72
发情后排卵（小时）	40	38~42
排卵持续时间（小时）	3.8	2~6
排卵量　后备母猪	13.5	7~16
经产母猪	21.4	15~25

（1）发情前期和发情期。发情检查常被看成相当简单的程序，而对乏情母猪的屠宰检查表明这些母猪已经正常发情。母猪的发情周期平均为21天（18~24天），配种成功的关键是正确掌握发情症状。

（2）发情前期。
- 阴门樱桃红、肿大，但经产母猪不一定。
- 呼噜、哼哼、尖叫。
- 咬栏。
- 烦躁不安。
- 爬跨。
- 食欲减少。
- 黏液从阴门流出。
- 被同栏母猪爬跨，但无静立反射。

（3）发情期。
- 阴门红肿减退。
- 黏液黏稠表明将要排卵。
- 静立反射。
- 弓背。
- 震颤、发抖。
- 目光呆滞。
- 耳朵竖起（大白猪耳朵竖起并上下轻弹）。
- 公猪在场时，静立反射明显。

- 爬跨其他母猪或被爬跨时站立不动。
- 对公猪有兴趣
- 食欲减少。
- 发出特有的呼噜声。
- 愿接近饲养员。
- 能接受交配。
- 平均持续时间：后备母猪1~2天。

  经产母猪2~3天。

注：所有或部分症状可在发情时观察到，但品系间会有差异。群养时，发情母猪会爬跨其他母猪或让其他母猪爬跨。饲喂在限位栏时，有的发情母猪会站着，而有的则会躺下，这样就不能观察到正常的发情症状，因此需要饲养员借助于母猪同公猪的头对头接触来检查发情。

2. 发情检查

- 无论自然交配还是人工授精，适时配种是获得良好繁殖力的重要因素。而准确查情又是成功配种的关键。
- 每天查情2次，早上喂后30分钟及下午下班前各查一次（排卵时间易变，所以一天查情2次）。但一天2次马马虎虎地查情倒不如一天一次认真仔细地查情。
- 用成熟公猪查情。
- 理想的查情公猪至少要12月龄以上、走动缓慢、口腔泡沫多。赶猪时用赶猪板或另外一个人来限制公猪的走动速度，切除过输精管的公猪可被用于查情。母猪在短时间内接触公猪后就可达到最佳的静立反射。
- 把公猪赶进母猪栏，能对母猪提供最好的刺激。公猪会嗅闻母猪肋部并企图爬跨。
- 栏养时，应将公猪赶到母猪前面，而工人应在后边查看母猪的反应。
- 公猪同母猪鼻对鼻的接触，可以准确地检查出发情。
- 当公猪在场时可以对母猪压背，也可刺激其肋部和腹部。

3. 适时配种或适时输精

排卵时间易变，且同断奶至发情间隔和发情持续时间有些关系，这就表明断奶后的管理也会影响排卵时间，为了掌握适时配种和适时输精，有必要了解一下繁殖生理学：

- 超声波检查表明多数经产母猪在发情后24~56小时排卵（变化范围为24~72小时）。
- 卵子生存时间很短，卵子在输卵管内只能生存4个小时。

●精子在子宫内可保持活力 24 小时。

任何配种管理都应旨在保证在排卵期间母猪生殖道内有适当数量的活精子，因此必须天天查情并及时发现发情的起始时间。每个猪场都应建立适合于自己的配种制度。

表5-3　每天查情一次和两次的配种制度

第一次 AI	立即
第二次 AI	12 小时后
第三次 AI	12 小时后（如果母猪还在发情）

注：只用 AI（人工授精）的猪场，应在 24 小时内输精 3 次。

每个猪场、每个品系的猪发情时间都不一样，所以每个猪场都应监测实际的发情时间。

记住每头猪都不一样，应区别对待。如果一天查情一次，采用上午/上午的配种制度较为适宜，但对上午发情不明显的母猪，应在下午再查情，并在出现静立反射时配种。以上方法应根据断奶至配种间隔作相应的调整，1994 年德国的 Dr. K. Weitz 指出：断奶至配种间隔越短，发情持续时间就越长，发情症状越明显。

以下是典型的配种/人工授精时间同断奶至配种间隔的关系：

断奶后的天数	静立反应时间	配种制度
4	上午—推迟配种	下午　下午　上午
	下午—推迟配种	上午　上午　下午
5	上午	上午　上午　下午
	下午	下午　上午　下午
6	上午	上午　下午　上午
	下午	上午　下午
所有返情母猪、妊检阴性母猪		上午　下午　下午
		下午　上午　下午

在母猪发情晚期 AI 或本交易造成对母猪的感染，恶露也会影响配种制度。只有当母猪出现静立反射时才可实施配种。

配种后，母猪应尽可能保持安静和舒适，一旦母猪最后一次配种结束，就应立即赶到限位栏内。群养时不应同原来的断奶母猪放在一起，而应同刚配完种的母猪放在一起，组成新群。然而，母猪配种后应尽可能不要混养。总之，配种后7~30天的母猪不应被赶动或混群。

进入配种间的所有母猪都必须认真查情，填写单独的记录。并密切注意初配的平均日龄和断奶后7天内配种的百分率。

在一个情期内，用2头或更多公猪来交配一头母猪是很普遍的，其优势在于：

- 更好地利用公猪。
- 避免公猪过度使用和使用不足。
- 有助于公猪的安全防卫，避免配种能力低下及临时或长久不育。

其缺点主要在于：

- 有传播疾病的风险。
- 难以判定公猪的不育，易导致与遗传相关的问题或异常。

4. 返情检查

所有配过种的母猪都应经常查情，直到妊娠60天左右能明显看出妊娠为止。在配种后着床（12~23天）前胚胎全部死亡，母猪就会返情，有规律地间隔为18~24天。

- 配种后30~40天即着床后到钙化前的胚胎死亡，会导致返情推迟或返情不规则。
- 骨骼钙化开始后胎儿的死亡会造成木乃伊，如果全窝都是木乃伊可能与伪狂犬病有关，且不会返情。
- 整个妊娠期都可能发生流产，流产5~10天后会出现发情或保持乏情状态。

返情检查时必须考虑以上情况。

- 查返情时最好用公猪，公猪在母猪栏前走，并与母猪鼻对鼻的接触。群养时可把公猪赶到母猪栏内，饲养员要注意发现3周外的不规则返情。
- 查返情时，饲养员要注意查看正常的返情征状，即压背、竖耳、鸣叫、阴户肿胀、红肿。栏养时发情的母猪会在其他母猪躺下时独自站着。
- 可用拇指测阴户温度，翻查阴户是很有用的：清晰的、黏性分泌物，阴户温度增加或其他发情症状。对公猪感兴趣的母猪，应赶到靠近公猪栏的地方观察。

返情前，有些母猪会流出像脓一样的、绿色的或黄色的恶露。这说明子宫或阴道有炎症，因此应注射抗生素并给予特殊照顾。如果分泌物是化脓的、难闻的，应淘汰该母猪。对这类母猪的配种只能采用人工授精。

返情母猪的保留和重配决定必须考虑许多因素，例如，淘汰母猪的价格，后备母猪的情况和造成返情的原因等。不只是母猪的原因，还有公猪或 AI 操作者也有影响。

5. 妊娠检查

改善妊娠检查率比改善分娩率容易得多，妊娠检查对于所有妊娠母猪来说都是基本的程序。训练有素的操作者能在妊娠 25 天左右检测出怀孕。Doppler 检测仪和超声波能在 21 天返情前检测出怀孕。配种后的 28 天着床结束，因此所有早期妊娠检查都必须在配种后 30 天重新确认。配种后 25~35 天进行两次妊娠检查是理想的，以便在 42 天返情时对妊检阴性和问题母猪采取相应的措施。

对所有母猪进行有规律的视觉妊娠评估是很重要的，即使在妊娠检查确定后少数母猪也有胚胎再吸收和流产的可能。

6. 妊娠期饲养

高产母猪需要控制体重和背膘变化。为充分发挥全部遗传潜力，尽可能增加产仔数，就需要在妊娠期细心控制体重和背膘，在哺乳期和断奶至配种期间的采食量要大并保持最小的体重损失。初产对第二胎及以后各胎次的性能有显著影响，因此初次哺乳时过量的体重损失，需要通过正确的饲养来防止，以避免第二胎产仔数的减少、断奶至配种间隔的延长、淘汰率的提高。

在妊娠期，饲料能有效地用于生长和繁殖。青年母猪或经产母猪正处于合成代谢阶段，相对低的营养即可维持母体体况、胎儿生长所需营养。

表5-4　母猪饲料饲喂标准

母猪饲养阶段	饲喂量（千克/天）
妊娠阶段：配种后 5 天	
第一胎母猪	1.80
经产母猪	2.25
体况差的母猪	2.90
妊娠：5~90 天	根据体况饲喂
妊娠：90~113 天	2.70~2.95
产前：2~4 天	1.80~2.00
哺乳：1~2 天	轻度限食
哺乳：3 天至断奶	自由采食
断奶至配种	自由采食

7. 饮水

怀孕期应随时供应充足的饮水。群养时用饮水器，栏养时用水槽，最好是定时自动充水的水槽。或在每次喂料后人工加水。下一次喂料时，可在剩下的饲料中加水，这样有利于采食。要经常鼓励母猪喝水，以减少膀胱炎和子宫炎。栏养母猪在阴户上或阴户下发现白色的沉淀物，表明其饮水不足。

二、哺乳母猪管理

临产母猪饲养管理的目标是做好分娩准备工作，减少母猪产前厌食、便秘等问题的发生，保护母猪的生殖健康，提高仔猪成活率，保证母猪产后食欲的恢复。

临产母猪的饲养管理如下。

1. 临产母猪的饲养

临产母猪在分娩前 3~7 天转入分娩舍，转舍后的第 1 餐适当控料，以减缓应激。母猪分娩前食欲不稳定，产前 3~5 天开始逐渐减料，产前 1~2 天减至正常喂料量的 1/3~1/2，尤其应减少大容量的粗饲料和糟渣类饲料，以降低胃肠道对产道的压力和防止产乳过多出现乳房炎。但是对于膘情与乳房发育不好的母猪产前不仅不应该减料，还应加喂蛋白质含量较多的植物性饲料或动物性饲料。当发现母猪有临产征兆时要停止喂料，喂易消化、营养较高的麸皮盐水汤，适量饲喂如鲜嫩苜蓿等蛋白质含量丰富的青绿饲料，以保证母猪顺产，还可防止分娩后消化不良、厌食等的发生。

2. 临产母猪的管理

临产母猪要保持猪体干净，转入分娩舍前彻底冲洗消毒，并驱除体外寄生虫，上产床后第 2 天再连猪带床进行一次消毒，产前 2~3 天可再次驱除体表寄生虫，杀灭从妊娠舍带来的病原体。从母猪上产床开始，用小苏打 5~10 克／（头·天）等拌料预防便秘。同时做好抗应激工作，使用维生素 C 或开食补盐拌料连用 3~5 天。产前不吃料母猪要及时治疗，可以采用一些中药促进食欲，再按照 10 毫克/千克的剂量肌内注射阿莫西林 2~3 次。当母猪有临产征兆时，及时用温水清洗母猪的后躯、乳房和外阴，用 0.1% $KMnO_4$ 溶液对母猪腹下乳房部位和阴户进行消毒，并清洗产床，然后按照操作规程接产。

3. 哺乳母猪的饲养管理

哺乳母猪饲养管理的目标是最大限度地提高饲料采食量和总营养摄入量。这样不仅可以充分发挥母猪的泌乳潜力、促进仔猪的生长发育，而且可以使母猪维持良好的体况、促进母猪断奶后按期发情和提高母猪繁殖性能。

哺乳母猪的饲养除了要考虑常规营养的需求外，还要针对这一时期母猪的特殊生理特征给予特殊的营养考虑和饲养方式，根据母猪食欲、膘情和胎次等因素确定饲喂量和饲喂频率。

一般情况下，母猪在产仔后采食量逐渐增加，第一天饲喂不超过 1.5 千克，以后根据母猪膘情和仔猪数量每天增加 0.5~0.8 千克。产后 3 天内日喂 2 餐，产后 4 天改为 3 餐，产后 7 天日喂 4 餐以上，分娩后的 8~9 天尽可能达到采食量的高峰期。母猪一般正常采食量为 1.0~1.5 千克仔猪头数×0.5，初产母猪的采食量通常比经产母猪低 20%。为使母猪达到采食量最大化，可分别采取自由采食、不限量饲喂，多餐制或时段式饲喂，夏季高温天气可以采用湿拌料提高采食量。

哺乳母猪在断奶前 3~5 天开始减料，从 5 千克/天以上逐渐减少到 1.5 千克/天，断奶当天可不喂或少喂。断奶前减料不但能够促进母猪回奶和仔猪在断奶前提高采食量，而且可以防止断奶后乳房炎的发生。限制饲喂量要根据母猪膘情，偏肥的可多限，偏瘦的可少限或不限料，在哺乳期因失重过多而瘦弱的母猪可适当提前断奶。

通常母猪在分娩后疲劳、口渴、体虚，要让其充分休息，保证充足的饮水供给，可以在饮水中添加一些能够被母猪直接吸收的单糖、氨基酸、维生素、矿物质等，促进母猪体力的迅速恢复。饲料中添加适量的电解质，有利于维持母猪机体电解质的平衡，减少母猪产后疾病的发生。例如，分娩后的母猪每天饲喂红糖 200 克，每天 2 次，连用 10 天，有利于母猪体力恢复和恶露的排出，并为下个繁殖周期奠定基础。分娩后母猪的生殖道仍处于开放状态，特别是当母猪分娩时间过长或难产都将造成体能损失过大，疾病抵抗力下降，易受病原微生物感染而致病，应采取必要的药物保健措施。母猪产后及时静脉滴注葡萄糖、催产素、阿莫西林以及安神健胃药如复方氨基比林、维生素 B_1、维生素 C 等，24 小时内肌内注射长效土霉素。从分娩当日起每天上午用 0.1% 的 $KMnO_4$ 清洗母猪后躯及擦洗乳房，擦洗完成后外阴部涂 5% 的碘酊，每天 1 次，连用 7 天。从分娩当天起在饲料中按照 5 克/头添加利高霉素，连续使用 5~7 天。可预防母猪产后感染和防止疾病垂直传播。人工助产后为防止产道感染，还需注射消炎针，如 480 万~800 万国际单位青霉素+300 万~400 万国际单位链霉素，每天 1~2 次，连用 2~3 天。对于发生子宫脱、阴道脱、产后瘫痪、子宫炎、乳房炎和产后不吃料的母猪要积极治疗，适时输液，定期观察。要创造条件让母猪每天都能有一定的运动时间，以促进体质健壮，提高泌乳力，同时注意保护泌乳母猪的乳房和乳头。母猪乳腺的发育与仔猪的吮吸有关，可采取并窝、调栏等办法让所有乳头都能得到均匀利用，否则就会出现乳房大小不均。

第五节 乳仔猪、生长育肥猪管理

一、新生仔猪的管理

断脐。每头仔猪的脐带应在离仔猪约2厘米处剪断，剩下部分在脐带康复时会自然脱落。

断尾。断尾可以减少保育和生长阶段的咬尾事件。用消毒的钳子在距离尾根2~3厘米（公猪为阴囊上缘，母猪为阴门上缘）断尾，断端用碘酊消毒。

打耳号。打耳号要规范，耳号钳要消毒，尽量避开血管，剪耳号后缺口处用碘酊消毒。

剪犬齿。剪掉犬齿可防止小猪伤害母猪乳头或吮乳争抢时伤害同窝仔猪，通常用消毒的剪牙钳剪除犬齿。剪牙时应小心，牙齿应尽可能接近牙床表面剪断，切勿伤及牙床，牙床一旦受损，不仅妨碍小猪吮乳，而且受伤的牙床将成为潜在的感染点。

补铁。新生仔猪体内只有少量的铁储备，并且母猪奶汁中含铁很少，因此应补充额外的铁。通常在生后3日内于颈部肌内注射1~2毫升可溶性复合铁针剂，但出生时马上补铁会对仔猪产生严重的应激。

尽早吃足初乳。母猪产后3天内分泌的乳汁，称初乳。初乳的营养成分与常乳不同，含有丰富的蛋白质、维生素和免疫抗体。初乳对仔猪有特殊的生理作用，能增加仔猪的抗病能力；还含有起轻泻作用的镁盐，可促进胎粪排出；初乳酸度高，有利于仔猪消化；初乳中所含各种营养成分极易被仔猪消化利用。因此，初乳是初生仔猪不可缺少，不可取代的食物。为此，尽早使初生仔猪能吃到充足的初乳非常重要。仔猪出生后，及时训练仔猪捕捉母猪乳头的能力，尽早给予第一次哺乳。若母猪分娩延长到2小时以上时，应不等分娩结束就要先将产下的仔猪放回母猪身边进行第一次哺乳。

固定乳头。固定乳头是提高仔猪成活率的主要措施之一。全窝仔猪出生后，即可训练固定乳头，使仔猪在母猪喂乳时，能全部及时吃到母乳。否则，有的仔猪因未争到乳头耽误了吃乳，几次吃不到乳而使身体衰弱，甚至饿死。固定乳头应以自选为主，适当调整，对号入座，控制强壮，照顾弱小为原则。一般是把弱小仔猪固定在母猪中前部乳头吃乳，强壮的固定在后面，这样可使同窝仔猪生长整齐、良好、无僵猪，也可避免仔猪为争夺咬破乳头。若母猪产仔数少于乳头数，可让仔猪吃食 2 个乳头的乳汁，这对保护母猪乳房很有益。若母猪产仔数多于乳头数时，可根据仔猪强弱，将其分为两组轮流哺乳，或寄养给其他母猪，或人工哺养。

寄养或并窝。母猪分娩时难产造成泌乳量不足或一窝仔猪头数超过 12 头时，需寄养或并窝。寄养应在分娩后 2 天内进行，以母猪产后胎衣、黏膜等涂抹于寄养仔猪上，同时在母猪鼻子上与仔猪身上擦些碘酒使母猪无法区分自产与寄养仔猪。

二、哺乳仔猪饲养管理

1. 保温防压

（1）保温。初生仔猪体温调节能力差，对环境温度有较高要求。仔猪最适宜的环境温度：0~3 日龄为 29~35℃，3~7 日龄为 25~29℃，7~14 日龄为 24~28℃，14~21 日龄为 22~26℃，21~28 日龄为 21~25℃，28~35 日龄为 20~22℃。要采取特殊的保温措施为仔猪创造温暖的小气候环境。

第一，厚垫草保温。水泥地面上的热传导损失约 15%，应在其上铺垫 5~10 厘米的干稻草，以防热量的散失，但应注意训练仔猪养成定点排泄习惯，使垫草保持干燥。

第二，红外灯保温。将 250 瓦的红外灯悬挂在仔猪栏上方或保温箱内，通过调节灯的高度来调节仔猪床面的温度。此种设备简单，保温效果好。

第三，烟道保暖。在仔猪保育舍内，每两个相邻的猪床中间地下挖一个 25~35 厘米宽的烟道，上面铺砖，砖上抹草泥，在仔猪舍外面的坑内升火。此法设备简单、成本低、效果好。

第四，电热板加温。一般用作初生仔猪的暂时保温，其特点是保温效果好，清洁卫生，使用方便，但造价高。

（2）防压。据统计，压死仔猪一般占死亡总数的 10%~30%，甚至更多，且多数发生在出生后 7 天内。主要原因有：第一，母猪体弱或肥胖，反应迟钝。第二，初产母猪无护仔经验。第三，仔猪体弱无力，行动迟缓，叫声低哑不足以引起母猪警觉。针对上述情况采取有效的防压措施，以减少损失。如在母猪躺下前不能离人；听到仔猪异常叫声，应及时救护；发现母猪压住仔猪，应立即拍打其耳根，令其站起，救出仔猪。

2. 诱食、补料

母猪泌乳高峰期是在产后 3~4 周，以后泌乳量明显减少，而仔猪生长迅速，其营养需要与母乳供给不足存在严重矛盾。因此，对仔猪提早诱食、补料十分重要。

仔猪从吃母乳过渡到吃饲料，称为诱食、开食或诱饲。一般要求在仔猪生后 7 日龄左右开食。将少量颗粒饲料洒在栏内地板上让仔猪在有兴趣时开始采食，最好放在小的、不易被拱翻、清洁的食槽中。食槽应放在显眼、离水源远、不易被母猪接触的地方。每天应分 5~7 次提供少量的、干净的、新鲜的补饲料。同时提供清洁、充足的饮水。当食欲增加时应增加饲喂量。

3. 去势

公母猪是否去势和去势时间取决于猪的品种、仔猪用途和猪场的生产管理水平。我国地方猪种性成熟早，肥育用仔猪如不去势，到一定阶段后，随着生殖器官的发育成熟会有周期性的发情表现，影响食欲和生长速度。公猪若不去势，其肉的臊味较浓影响食用价值。因此，地方品种仔猪必须去势后进行肥育。二元或三元杂交猪，在较高饲养管理水平条件下，6 个月龄左右即可出栏，母猪可不去势直接进行肥育，但公猪仍需去势。引进品种，因其生长迅速，肥育期短，不必去势。

一般肥育用仔猪，要求公猪在 20 日龄、母猪在 30~40 日龄前去势。仔猪去势后，应给予特殊护理，防止创口感染。

三、生长育肥猪管理

肉猪按其生长发育阶段可划分为 3 个时期，即小猪阶段（体重 20~35 千克的生长期），中猪阶段（体重 36~60 千克的发育期），大猪阶段（体重 61~90 千克以上的育肥期），其中小猪阶段是养好育肥猪的关键之一，为确保育肥的健康生长发育，应做好以下准备工作。

进猪前的准备：猪舍至少有 2 周的空栏时间。此间要彻底消毒清洗，用 2% 氢氧化钠或石灰水消毒，准备饲料，检查、修理猪舍内的设施，准备好疫苗。疫苗要求存放在冰箱内的一定要存放在冰箱内，防止失活。

仔猪的选择：要选择好的三元杂交或四元杂交猪，有活力，毛色光滑，鼻镜湿润，打过疫苗。千万不能从疫区和有病的猪场购买仔猪。

合理分群：育肥猪最好能一窝一栏饲喂，必要时可以按公母、大小、强弱来分群饲养。分群后用带气味的消毒液带猪消毒，可以防止互相打斗。饲喂的前几天要求限量饲喂，每天 4~6 次。以防采食过多而下痢。而后再改变饲喂方式。

调教：仔猪进入猪舍后，要及时调教，使采食、饮水、睡觉和排泄都能定位。对霸食、喜欢躺卧食槽的猪要进行管制。个别猪会随地大小便，要及时清除粪便到指定地方，并用带气味的消毒水掩盖原来的地方。不能粗暴地对待猪只。

驱虫：购入的仔猪经过 7~10 天的观察，没有疾病后，要及时驱虫。可以用伊维菌素注射液注射或者左旋咪唑饲喂，按说明书即可。

饲喂次数：仔猪因为代谢旺盛，消化道体积小，并且为防止采食过多而引起消化不良，因此要坚持少添勤喂的原则，每天饲喂 4 次。体重 30 千克后改为 3 次。如果对猪的瘦肉率要求不高，可实行自由采食。饲喂的方式可以是湿喂或者干喂。

保持好的环境：环境对于猪的健康和生长速度很重要。必须保证每圈都有足够的饲养面积，或者每圈饲喂 15 头以下。温度要求在 20℃左右。猪圈要求保持清洁、干燥。冬季注意防寒保温，同时适当通风。夏季降暑时，不能直接洒水到猪身上，防止感冒。

第六章 猪群保健与疾病防制

"防重于治，养重于防；养防结合，饲管优先"是现代养猪生产永恒的主题。在目前猪病比较复杂的情况下，首先要做好猪群的免疫注射和药物保健工作，再配合科学的饲养管理，以及猪舍、场区的消毒工作，以确保猪群的健康，从而保证正常稳定的生产，创造更大的经济效益。

第一节 常规保健制度

我国四季气候迥异，季节间气温变化明显，如果此时猪体自身的调节功能不力，就可能会对其造成一定危害，从而影响生长发育，甚至造成更大的损失，若能根据各季的气候特点及疾病的发生规律，在疾病发生之前进行针对性药物预防保健，则可以有效地预防多种常见病、多发病的发生。

春季气候由寒转暖，万物开始复苏，同时也是多种疾病易发的季节。此时猪体的新陈代谢刚开始增强，各种致病菌开始活跃，但由于猪体的抗病力尚未完全得到恢复，抗病能力仍然比较弱。因此，此季节应及时疏通猪体代谢"通道"，以预防疾病的发生。

夏季气候炎热，而湿气较重，如果管理不善，猪群极易患痈瘰疮肿等瘟毒症及肺经积热诸症，此季应以清热泻火，抗菌消炎为主。

秋季气候干燥，气候开始由热转凉，猪群易发生肺燥咳喘，此季应注意猪群的润肺止咳、理气平喘。

冬季气候寒冷，能量消耗较多，猪体代谢功能降低，抗逆性差，易受寒凝瘀血之患。此季应加强猪群抗寒、抗病能力以及开胃增进食欲等（表6-1）。

表6-1　四季保健方

季节	配方	组分	用法	功效
春	茵陈散	茵陈、桔梗、木桶、苍术、连翘、柴胡、升麻、防风、槟榔、陈皮、青皮、泽兰、荆芥、当归等，以二丑、麻油为引	开水冲服或水灌服	解表理气、清热利水、消炎利胆
夏	消黄散	花粉、连翘、黄连、黄芩、黄柏、二母、栀子、二药、郁金、大黄、甘草	研末冲服或水煎服	清热解毒、生津补液、清肠泻火
秋	理肺散	二母、苏叶、桔梗、苍术、柴胡、当归、川穹、瓜蒌、川朴、杏仁、秦芃、百合、兜铃、木香、双皮、白芷，以蜂蜜为引	研末冲服或水煎服	润肺止咳、化痰止喘、理气解表
冬	茴香散	小茴、当归、川穹、川朴、二皮、苍术、纸壳、益智、槟榔、二丑、官桂、柴胡、生姜	研末冲服	温中散寒、理气活血、解表利水

第二节　各阶段猪群保健

一、后备母猪

1. 保健目的

控制呼吸道疾病的发生，预防喘气病及胸膜肺炎等出现；清除后备母猪体内病原菌及内毒素；增强后备母猪的体质，促进发情，获得最佳配种率。

2. 推荐药物及方案

（1）后备母猪在引入第一周及配种前一周，于饲料中适当添加抗应激药物如电解多维、维生素C、矿物质添加剂等和广谱抗生素药物如支原净、强力霉素、利高霉素、泰乐菌素、阿莫西林、土霉素等。

（2）每吨饲料中添加支原净 100 毫克/千克+强力霉素 200 毫克/千克，连喂 5~7 天；或者每吨饲料中添加土霉素 400~500 毫克/千克或利高霉素 1 千克+阿莫西林 300 毫克/千克，连喂 5~7 天。

二、妊娠、哺乳母猪

1. 保健目的

驱虫、预防喘气病、预防子宫炎，提高妊娠质量。

2. 推荐药物及方案。

（1）妊娠母猪对抗生素要求高，必须使用安全性高的药物，有严格的剂量控制。

（2）根据流行的不同疾病特点，妊娠前期进行一次集中于饲料用药，如每吨饲料中添加支原净 100 毫克/千克+磺胺五甲 200 克+TMP 40 克+土霉素 400 克/强力霉素 150 毫克/千克，连喂 7 天。

（3）临产前后 7 天，每吨饲料添加利高霉素 1 千克+强力拜固舒（抗应激）500 克或者支原净 100 毫克/千克+土霉素 400 克，连喂 5~7 天。

（4）可在分娩当天肌内注射青霉素 1~2 万单位/千克体重，链霉素 100 毫克/千克体重，或肌内注射氨苄青霉素 20 毫克/千克体重，或肌内注射庆大霉素 2~4 毫克/千克体重，或德力先、长效土霉素 5 毫升。

三、哺乳仔猪

1. 保健目的

（1）初生仔猪（0~6 日龄）预防母源性感染（如脐带、产道、哺乳等感染），主要对大肠杆菌、链球菌等。

（2）5~10 日龄开食前后仔猪要控制仔猪开食时发生感染及应激。

2. 推荐药物及方案

（1）仔猪吃初乳前口服庆大霉素或氟哌酸 1~2 毫升，或土霉素半片。

（2）仔猪出生后 2~3 天补铁、补硒，如出生后第 2 天进行含硒铁剂于大腿内侧深部注射，1.2 毫升/头；同时肌内注射"得米先"（美国硕腾）0.5 毫升/头；可选择 7 天再注射一次，或 7 天、21 天各注射一次。

（3）5~7 日龄开食补料前后适当添加一些抗应激药物如开食补盐、维生素 C、多维、电解质等。

（4）恩诺沙星、诺氟沙星、氧氟沙星及环丙沙星。饮水，每千克水加 50 毫克；拌料，每千克饲料加 100 毫克。

（5）新霉素。每千克饲料添加 110 毫克，母仔共喂 3~5 天。

（6）强力霉素、阿莫西林。每吨仔猪料各加 300 克连喂 5~7 天。

（7）呼肠舒。每吨仔猪料加 2000 克连喂 5~7 天。

四、断奶仔猪（保育段）

1. 保健目的

（1）21~28 日龄断奶前后仔猪预防气喘病和大肠杆菌病等。

（2）60~70 日龄小猪预防喘气病及胸膜肺炎、大肠杆菌病和寄生虫。

（3）减少断奶应激，预防断奶后腹泻和呼吸系统疾病。

2. 推荐药物及方案

（1）在断奶转群至保育 3 天内于饲料中或饮水中添加电解多维，以减少应激。

（2）断奶前后，可用普鲁卡因青霉素+金霉素+磺胺二甲嘧啶，拌喂 1 周。

（3）断奶后，每吨饲料添加支原净 100 毫克/千克+阿莫西林 300 毫克/千克，连喂 5~7 天。

（4）转群前 5 天于每吨饲料中添加药物支原净 100 毫克/千克+磺胺五甲 400 克+TMP 80 克+强力霉素 200 毫克/千克，连喂 5~7 天。

五、肥育猪

1. 保健目的

此阶段主要是预防寄生虫、呼吸系统疾病和促生长。重点注意 13~15 周龄、18~20 周龄两阶段。

2. 推荐药物及方案

（1）保育转群至育肥后饲料中添加电解多维及药物，每吨饲料中添加氟苯尼考（纽佛罗）2.5 千克+强力霉素 200 毫克/千克或者泰乐菌素 250 克+金霉素 300 毫克/千克，连用 7 天。

（2）促生长剂，可添加速大肥和黄霉素等。

（3）驱虫用药：可选择伊维菌素、阿维菌素、帝诺玢等。

（4）以后每间隔一个月用药一周，脉冲式不重复用药。

第三节　防疫制度制定及免疫接种

一、猪场消毒制度

为了控制传染源，切断传播途径，确保猪群的安全，则必须严格做好日常的消毒工作。规模化猪场日常消毒程序如下。

非生产区消毒：

凡一切进入养殖场人员（来宾、工作人员等）必须经大门消毒室，并按规定对体表、鞋底和人手进行消毒。

大门消毒池长度为进出车辆车轮2个周长以上，消毒池上方最好建顶棚，防止日晒雨淋；并且应该设置喷雾消毒装置。消毒池水和药要定期更换，保持消毒药的有效浓度。

所有进入养殖场的车辆（包括客车、饲料运输车、装猪车等）必须严格消毒，特别是车辆的挡泥板和底盘必须充分喷透、驾驶室等必须严格消毒。

办公室、宿舍、厨房及周围环境等必须每月大消毒一次。疫情暴发期间每天必须1~2次。

二、生产区消毒

生产人员（包括进入生产区的来访人员）必须更衣消毒沐浴，或更换一次性的工作服，换胶鞋后通过脚踏消毒池（消毒桶）才能进入生产区。

生产区入口消毒池每周至少更换池水、池药2次，保持有效浓度。生产区内道路及5米范围以内和猪舍间空地每月至少消毒两次。售猪周转区、赶猪通道、装猪台及磅秤等每售一批猪都必须大消毒一次。

更衣室要每周末消毒一次，工作服在清洗时要消毒。

分娩保育舍每周至少消毒两次，配种妊娠舍每周至少消毒一次。肥育猪舍每两周至少消毒一次。

猪舍内所使用的各种饲喂、运载工具等必须每周消毒一次。

饲料、药物等物料外表面（包装）等运回后要进行喷雾或密闭熏蒸消毒。

病死猪要在专用焚化炉中焚烧处理，或用生石灰和烧碱拌撒深埋。活疫苗使用后的空瓶应集中放入装有盖塑料桶中灭菌处理，防止病毒扩散。

三、消毒过程中应注意事项

在进行消毒前，必须保证所消毒物品或地面清洁。否则，起不到消毒的效果。

消毒剂的选择要具有针对性，要根据本场经常出现或存在的病原菌来选择消毒剂。

消毒剂要根据厂家说明的方法操作进行，要保证新鲜，要现用现配，配好再用，忌边配边用。

消毒作用时间一定要达到使用说明上要求的时间，否则会影响效果或起不到消毒作用。比如在鞋底消毒时仅踩一下消毒液是不可能达到消毒作用等（表6-2）。

表6-2　常用消毒药使用方法

消毒药种类	消毒对象及适用范围	配制浓度
烧碱	大门消毒池、道路、环境 猪舍空栏	3% 2%
生石灰	道路、环境、猪舍墙壁、空栏	直接使用 调制石灰乳
过氧乙酸	猪舍门口消毒池、赶猪道、道路、环境	1：200
卫康（氧化+氯）	生活办公区 猪舍门口消毒池、猪舍内带猪体消毒	1：1 000
农福（酚）	生活办公区 猪舍门口消毒池、猪舍内带猪体消毒	1：200
消毒威（氯）	生活办公区 猪舍门口消毒池、猪舍内带猪体消毒	1：2 000
百毒杀（季铵盐）	生活办公区 猪舍门口消毒池、猪舍内带猪体消毒	1：1 000

四、配套防疫措施

1. 隔离

建立健全完善的隔离制度，并严格实施。

（1）人员隔离。生产区、生活区和污水处理区要严格隔离开来。凡进入生产区人员都应洗澡、更衣、换鞋帽后才准许进入生产区，非生产工作人员禁止进入生产区。生产区各栋舍人员保持相对稳定，不互串栋舍。外出或休假员工回场应先在生活区隔离净化至少48小时后方可按场内人员同样方法洗澡、淋浴进入生产区工作。出猪台人员严格区分内外界线，场内赶猪人员把猪赶至围栏处的隔离带返回，不得超出隔离墙。外界接猪人员再把猪赶上装猪台装车。

（2）猪只隔离。场内猪只采取单向流动，即哺乳→保育→生长肥育→出栏，不得回头。场内道路净道与污道严格区分，饲料工作人员走净道，猪粪、胎衣、患猪、死猪由污道通行，不得交叉。新引进的后备母猪应在场外隔离舍隔离4~6周，隔离舍至少远离猪场100米。此外，在猪场下风处应设患猪隔离舍、病死猪解剖室和"堆肥法"病死猪处理场。

（3）车辆隔离。车辆分为场内生产区车辆和生产区外用车，严禁非生产区车辆进入生产区，生产区内车辆严禁驶出生产区外。运送饲料的车辆只能在饲料厂或料仓内通过输送带或绞龙把饲料送入场内料车或料仓内，不得直接送入生产区内。送猪车先由场内装猪车装好，送至猪场围墙外出猪台实行远距离对接或赶入场外专设装猪台后，再赶上卖猪车。

（4）物品的隔离。进入生产区的各种物品，如疫苗、药物、消毒剂以及各种用具、工具均要经过3间互不同时开关的3个门通道，其中中间一间为福尔马林蒸气熏蒸消毒间，彻底消毒后由内一间送入场内。

2. 实施全进全出的饲养工艺

生产线上分娩保育、生长肥育、怀孕等各个环节都严格实行全进全出饲养制度，每批次猪只转栏或出栏后的空栏先清洁卫生，再高压冲洗，待干后用不同消毒药消毒3次，空闲最少7~10天再进下一批猪只，这样可有效地切断疫病的传播途径，防止病原微生物在群体中形成连续感染、交叉感染。

五、免疫接种

1. 后备母猪（表6-3）

表6-3　后备母猪免疫接种

阶段	日龄	疫苗	参考厂家	剂量	备注
后备母猪	150	猪瘟	广东永顺 ST 苗	3 毫升	存在萎缩性鼻炎、产气荚膜梭菌时，自行添加
	157	伪狂犬		1 毫升	
	164	口蹄疫	中农威特	3 毫升	
	171	乙脑	海利	2 毫升	
	178	细小	武汉科前	2 毫升	
	185	蓝耳	勃林格	1 毫升	
	192	圆环	梅里亚	2 毫升	
	202	乙脑二免	湖南亚华	2 毫升	
	209	细小二免	武汉科前	2 毫升	
	216	蓝耳二免	勃林格	1 毫升	
	223	圆环二免	梅里亚	2 毫升	

2. 经产母猪（表6-4）

表6-4　经产母猪免疫

阶段	疫苗	参考厂家	普放	剂量	备注
经产母猪	猪瘟	广东永顺 ST 苗	3 次/年	3 头份	时间以场内情况定
	伪狂犬	进口厂家	4 次/年	1 头份	时间以场内情况定
	口蹄疫	中农威特	3 次/年	3 毫升	时间以场内情况定
	乙脑	海利	2 次/年	1 头份	每年 3、9 月份

（续表）

阶段	疫苗	参考厂家	普放	剂量	备注
经产母猪	蓝耳	勃林格	如果以前未防疫过，先普防两次后再跟胎做，两次普防间隔1个月时间	1头份	时间以场内情况定
	圆环	梅里亚		1头份	

3. 仔猪（表6-5）

表6-5　仔猪免疫

阶段	日龄	疫苗	参考厂家	剂量	备注
仔猪	3	伪狂犬	勃林格	1头份滴鼻	如果母猪已做梅里亚圆环，仔猪猪群在稳定情况下可以考虑不做，仔猪群不稳定的，坚持此程序执行，直至稳定，再逐步考虑不做，如母猪未做，仔猪执行此程序
	7	支原体	勃林格或硕腾	2毫升	
	12~14	蓝耳	勃林格	1头份	
	21~25	圆环	勃林格	2毫升	
	35	猪瘟	广东永顺ST苗	1.5头份	
	45	伪狂犬	勃林格	1头份	
	55	猪瘟	广东永顺ST苗）	2毫升	
	65	口蹄疫	中农威特（高效）	3毫升	
	95	口蹄疫	中农威特（高效）	4毫升	

4. 注射部位及针头选择（表6-6）

表6-6　注射部位及针头选择

猪只体重	所用针头型	注射部位	备注
1.5~2千克	7×13	耳后一指宽，中上部	仔猪超免
2~4千克	9×13	耳后一指宽，中上部	产房乳猪
4~6千克	9×15	耳后一指宽，中上部	产房乳猪
6~20千克	12×20	耳后二指宽，中上部	保育仔猪
20~70千克	12×25或16×25	耳后二指宽，中上部	生长猪群
70~120千克	12×38或16×38	耳后三指宽，中上部	后备猪群或育成猪
120千克及以上	12×38或16×38	耳后三指宽，中上部	种猪群或育肥大猪

5. 疫苗注射过程中注意事项

（1）疫苗为特种兽医，在疫苗购回后要认真阅读说明书，严格按照说明书要求对疫苗采取冷冻或冷藏保存。

（2）疫苗免疫接种前，应详细了解接种猪只的健康状况。凡瘦弱、有慢性病、怀孕后期或饲养管理不良的猪只不宜使用。

（3）在进行疫苗免疫接种时，疫苗从冰箱取出后，应恢复至室温再进行免疫接种。

（4）气温骤变时停止接种，在高温或寒冷天气注射时，应选择合适时间注射，并提前 2~3 天在饲料或饮水中添加抗应激药物，可有效减轻猪的应激反应。

（5）稀释后的疫苗要在 4 小时内用完，对未用完的疫苗要深埋处理。

第四节　主要传染病防制措施

一、猪瘟

临床症状：常分急性败血型和慢性温和型两种（非典型性），急性体温升高至 40.5~42℃，眼结膜潮红，先便秘后腹泻。口腔黏膜和眼结膜有小出血点，耳尖、腹下、四肢内侧皮肤有出血斑和紫斑。"非典型性猪瘟"临床表现主要症状轻微，死亡率低，仅仔猪感染有较高死亡率。

剖检病变：颌下、咽背、腹股沟、支气管、肠系膜等处的淋巴结较明显肿胀，外观颜色从深红色到紫红色，切面呈红白相间的大理石样；脾脏不肿胀，边缘常可见到紫黑色突起（出血性梗死），有梗死灶；肾脏色较淡呈土黄色，表面点状出血，肾乳头、肾盂常见有严重出血。胃底部黏膜出血溃疡。喉头、膀胱黏膜、会厌软骨黏膜有出血点。慢性型特征性病变为回盲口的纽扣状溃疡。

防制：目前尚无有效的药物治疗猪瘟，发病后主要控制继发感染。最重要的就是严格做好综合预防措施。

对病猪和可疑病猪应立即隔离或扑杀，尽早注射抗猪瘟血清或免疫球蛋白，康复后再接种猪瘟兔化弱毒苗；对同群猪要固定专人就地观察和护理，严禁扩散或转移。

对假定健康猪紧急接种猪瘟兔化弱毒苗。

采用大剂量猪瘟疫苗（10~20头份或更大剂量）对可疑病猪接种，有一定疗效。

对猪舍环境及用具进行紧急消毒，消毒最好用氢氧化钠溶液、草木灰水或漂白粉液。

二、猪口蹄疫

临床症状：体温升高到40℃以上；成年病猪以蹄部水泡为主要特征，口腔黏膜、鼻端、蹄部和乳房皮肤发生水疱溃烂；乳猪多表现急性胃肠炎、腹泻、以及心肌炎而突然死亡。

剖检病变：心脏，心包膜有出血斑点，心包积液，心肌切面可见灰白色或淡黄色斑点或条纹，称虎斑心。胃肠黏膜出血性炎症。

防制：

控制。免疫O型口蹄疫灭活油苗，所用疫苗的病毒型必须与该地区流行的口蹄疫病毒型相一致；同时选用对口蹄疫病毒有效的消毒剂。

预防。后备母猪（4月龄）、生产母猪配种前、产前1个月、断奶后1周龄时肌内注射猪O型口蹄疫灭活油苗；所有猪只在每年十月份注射口蹄疫灭活苗。

三、伪狂犬病

临床症状：公猪睾丸肿胀，萎缩，甚至丧失种用能力；母猪返情率高；妊娠母猪发生流产、产死胎、木乃伊；新生仔猪大量死亡，4~6日龄是死亡高峰；病仔猪发热、发抖、流涎、呼吸困难、拉稀、有神经症状；扁桃体有坏死、炎症；肺水肿；肝、脾有直径1~2毫米坏死灶，周围有红色晕圈；肾脏布满针尖样出血点。确诊可用病死猪或脊髓组织液接种兔子，如2天后兔子的接种部位奇痒，兔子从舔接种点发展到用力撕咬，持续4~6小时死亡可确诊本病。

防制：

正发伪狂犬病猪场：用gE缺失弱毒苗对全猪群进行紧急预防接种，4周龄内仔猪鼻内接种免疫，4周龄以上猪只肌内注射；2~4周后所有猪再次加强免疫，并结合消毒、灭鼠、驱杀蚊蝇等全面的兽医卫生措施，以较快控制发病。

伪狂犬病阳性猪场：

生产种猪群。用 gE 缺失弱毒疫苗，肌内注射，每年 3~4 次免疫。

引进的后备母猪。用 gE 缺失弱毒疫苗，肌内注射，2~4 周后，再肌内注射加强免疫。

仔猪和生长猪。用 gE 缺失弱毒疫苗，3 日龄鼻内接种，4~5 周龄鼻内接种加强免疫，9~12 周龄肌内注射免疫。

四、猪繁殖与呼吸综合征

临床症状：怀孕母猪咳嗽，呼吸困难，怀孕后期流产，产死胎、木乃伊或弱仔猪，有的出现产后无乳；新生仔猪病猪体温升高至 40℃ 以上，呼吸急促及运动失调等神经症状，产后 1 周内仔猪的死亡率明显上升。有的病猪在耳、腹侧及外阴部皮肤呈现一过性青紫色或蓝色斑块；3~5 周龄仔猪常发生继发感染，如嗜血杆菌感染；育肥猪生长不均；主要病变为间质性肺炎。

剖检病变：肺脏呈红褐花斑状，腹股沟淋巴结明显肿大。胸腔内有大量的清亮的液体。常继发支原体或传染性胸膜肺炎。

防制：

控制。母猪分娩前 20 天，每天每头猪给阿司匹林 8 克，其他猪可按每千克体重 125~150 毫克阿司匹林添加于饲料中喂服；或者按 3 天给 1 次喂服，喂到产前一周停止，可减少流产；同时使用呼乐芬或恩诺沙星等控制继发细菌感染。

预防。后备猪，4 月龄时用弱毒苗首免，1~2 个月后加强免疫；仔猪，断奶后用弱毒苗免疫。

五、细小病毒病

临床症状：多见于初产母猪发生流产、死胎、木乃伊或产出弱仔猪，以产木乃伊胎为主；经产母猪感染后通常不表现繁殖障碍现象，且无神经症状。在引起繁殖障碍的症状和剖检病变上与乙型脑炎相似，应加以区分。

防制：

防止把带毒猪引入无此病的猪场。引进种猪时，必须检验此病，才能引进。

对后备母猪和育成公猪，在配种前一个月免疫注射。

在本病流行地区内，可将血清学反应阳性的老母猪放入后备种猪群中，使其受到自然感染而产生自动免疫。

因本病发生流产或木乃伊的同窝幸存仔猪，不能留作种用。

六、日本乙型脑炎（流行性乙型脑炎）

临床症状：主要在夏季至初秋蚊子滋生季节流行。发病率低，临床表现为高热、流产、产死胎和公猪睾丸炎。死胎或虚弱的新生仔猪可能出现脑积水等病变。

剖检病变：脑内水肿，颅腔和脑室内脑脊液增量，大脑皮层受压变薄，皮下水肿，体腔积液，肝脏、脾脏、肾脏等器官可见有多发性坏死灶。

防制：

一旦确诊最好淘汰。

做好死胎儿、胎盘及分泌物等的处理。

驱灭蚊虫，注意消灭越冬蚊。

在流行地区猪场，在蚊虫开始活动前 1~2 个月，对 4 月龄以上至 2 岁的公母猪，应用乙型脑炎弱毒疫苗进行预防注射，第二年加强免疫一次。

七、猪传染性胃肠炎

临床症状：多流行于冬春寒冷季节，即 12 月至次年 3 月。大小猪都可发病，特别是 24 小时至 7 日龄仔猪。病猪呕吐（呕吐物呈酸性）、水泻、明显的脱水和食欲减退。哺乳猪胃内充满凝乳块，黏膜充血。

剖检病变：整个小肠肠管扩张，内容物稀薄，呈黄色、泡沫状，肠壁弛缓，缺乏弹性，变薄有透明感，肠黏膜绒毛严重萎缩。胃底黏膜潮小点状或斑状出血，胃内容物呈鲜黄色并混有大量乳白色凝乳块（或絮状小片），胃幽门区有溃疡灶或坏死区。

防制：

控制。在疫病流行时，可用猪传染性胃肠炎病毒弱毒苗作乳前免疫。防止脱水、酸中毒，给发病猪群口服补液盐。使用抗菌药控制继发感染。用卫康、农福、百毒杀带猪消毒，一天一次，连用 7 天；以后每周 1~2 次。

预防。给妊娠母猪免疫（产前 45 天和 15 天）弱毒苗。肌内注射免疫效果差。小猪初生前 6 小时应给予足够初乳。若母猪未免疫，乳猪可口服猪传染性胃肠炎病毒弱毒苗。二联灭活苗作交巢穴（后海穴，猪尾根下、肛门上的陷窝中）注射有效。

八、猪流行性腹泻

临床症状：多在冬春发生。呕吐、腹泻、明显的脱水和食欲缺乏。传播也较慢，要在4~5周内才传遍整个猪场，往往只有断奶仔猪发病，或者各年龄段均发病的现象。病猪粪便呈灰白色或黄绿色，水样并混有气泡流行性腹泻。大小猪几乎同地发生腹泻，大猪在数日内可康复，乳猪有部分死亡。

防制：用猪流行性腹泻弱毒苗在产前20天给妊娠母猪作交巢穴（后海穴）或肌内注射。

九、猪链球菌病

临床症状：新生仔猪发生多发性关节炎、败血症、脑膜炎，但少见。乳猪和断奶仔猪发生运动失调，转圈，侧卧、发抖，四肢作游泳状划动（脑膜炎）。剖检可见脑和脑膜充血、出血。有的可见多发性关节炎、呼吸困难。在超急性病例，仔猪死亡而无临床症状。肥育猪常发生败血症，发热，腹下有紫红斑，突然死亡。病死猪脾肿大。常可见纤维素性心包炎或心内膜炎、肺炎或肺脓肿、纤维素性多关节炎、肾小球肾炎。母猪出现歪头、共济失调等神经症状、死亡和子宫炎。E群猪链球菌可引起咽部、颈部、颌下局灶性淋巴结化脓。C群猪链球菌可引起皮肤形成脓肿。

防制：

治疗。给病猪肌内注射抗菌药+抗炎药（如地塞米松），经口给药无效。目前较有效的抗菌药为头孢噻呋（Ceftiofur），每日每千克体重肌内注射5.0毫克，连用3~5天；青霉素+庆大霉素、氨苄青霉素或羟氨苄青霉素（阿莫西林）、头孢唑啉钠、恩诺沙星、氟甲砜霉素等。也有一些菌株对磺胺+TMP敏感。肌内注射给药连用5天。

预防。做好免疫接种工作，建议在仔猪断奶前后注射2次，间隔21天。母猪分娩前注射2次，间隔21天，以通过初乳母源抗体保护仔猪。可制作使用自家灭活菌苗。

十、猪附红细胞体病

临床症状：猪附红细胞体病通常发生在哺乳猪、怀孕的母猪以及受到高度应激的肥育猪。发生急性附红细胞体病时，病猪体表苍白，高热达42℃。有时黄疸。有时有大量的瘀斑，四肢、尾特别是耳部边缘发紫，耳廓边缘甚至大部分耳廓可能会发生坏死。严重的酸中毒、低血糖症。贫血严重的猪厌食、反应迟钝、消化不良。母猪乳房以及阴部水肿 1~3 天；母猪受胎率低，不发情，流产，产死胎、弱仔。剖检可见病猪肝肿大变性，呈黄棕色；有时淋巴结水肿，胸腔、腹腔及心包积液。

防制：

治疗。①猪附红细胞体现归类为支原体，临床上，常给猪注射强力霉素每天 10 毫克/千克体重，连用 4 天，或使用长效土霉素制剂。对于猪群，可在每吨饲料中添加 800 克土霉素（可加 130 毫克/千克阿散酸，以使猪皮肤发红），饲喂 4 周，4 周后再喂 1 个疗程。效果不佳时，应更换其他敏感药物。②同时采取支持疗法，口服补液盐饮水，必要时进行葡萄糖输液，加 $NaHCO_3$。必要时给仔猪、慢性感染猪注射铁剂（200 克葡萄糖酸铁/头）。③混合感染时，要注意其他致病因素的控制。

预防。①切断传播途径。注射时换针头，断尾、剪齿、剪耳号的器械在用于每一头猪之前要消毒。定期驱虫，杀灭虱子和疥螨及吸血昆虫。防止猪群的打斗、咬尾。在母猪分娩中的操作要带塑料手套。②防制猪的免疫抑制性因素及疾病，包括减少应激。③猪群药物防治。每吨饲料中添加 800 克土霉素加 130 克阿散酸，饲喂 4 周，4 周后再喂 1 个疗程。也可使用上述其他对支原体敏感的药物，如恩诺沙星、二氟沙星、环丙沙星、泰妙菌素、泰乐菌素或北里霉素、氟甲砜霉素等。预防时，作全群拌料给药，连用 7~14 天，或采取脉冲方式给药。

十一、仔猪水肿病

临床症状：一般在断奶后 10~14 天出现症状。多发于吃料太多、营养好、体格健壮的仔猪。突然发病。病猪共济失调，有神经症状，局部或全身麻痹。体温正常。病死猪眼睑、头部皮下水肿，胃底部黏膜、肠系膜水肿。

防制：

控制。发病猪的治疗效果与给药时间有关。一旦神经症状出现，疗效不佳。

预防。断奶后 3~7 天在饮水或料中添加抗菌药，如呼肠舒、氧氟沙星、环丙沙星等，连给 1~2 周。目前常用的抗菌药有强力霉素、氟甲砜霉素、新霉素、恩诺沙星等。使用抗菌药治疗的同时，配合使用地塞米松。对病猪还可应用盐类缓泻剂通便，以减少毒素的吸收。

十二、仔猪副伤寒

临床症状：多见于 2~4 月龄的猪。持续性下痢，粪便恶臭，有时带血，消瘦。耳、腹及四肢皮肤呈深红色，后期呈青紫色（败血症）。有时咳嗽。扁桃体坏死。肝、脾肿大，间质性肺炎。肝、淋巴结发生干酪样坏死，盲肠、结肠有凹陷不规则的溃疡和伪膜。肠壁变厚（大肠坏死性肠炎）。

防制：

控制。常用药物有氟甲砜霉素、新霉素、恩诺沙星、复方新诺明等，这些药物再配合抗炎药使用，疗效更佳。例如，氟甲砜霉素：每天口服 50~100 毫克/千克体重，每天肌内注射 30~50 毫升/千克体重，疗程 4~6 天，在配合地塞米松肌内注射。病死猪要深埋，不可食用，以免发生中毒，对尚未发病猪要进行抗生素药物预防。

预防。仔猪断奶后，免疫接种仔猪副伤寒弱毒冻干疫苗，肌内注射、口服均可。

十三、猪断奶后多系统瘦弱综合征

临床症状：该病多发于 6~12 周（5~14 周，即断奶后 3~8 周），很少影响哺乳仔猪。病猪被毛粗糙，体表苍白，黄疸，有的皮肤有出血点，腹股沟淋巴结明显肿大。剖检病变为淋巴结肿大，但不出血，特别是腹股沟淋巴结、髂骨下淋巴结、肠系膜淋巴结。躯体消瘦、苍白，有时黄疸。肺呈橡皮样（间质性肺炎）。肝脏可能萎缩，呈青铜色。肾脏苍白，不一定出血，在肾皮质部常见白色病灶（间质性肾炎）。食道部、回盲口处溃疡。时常合并感染副猪嗜血杆菌病、沙门氏菌病、链球菌病、葡萄球菌病。

防制：对于猪断奶后多系统瘦弱综合征目前尚无有效的治疗方法。可使用敏感抗菌药控制继发感染。预防可采用一般的生物安全措施。

十四、猪喘气病（猪支原体肺炎）

临床症状：病猪咳嗽、喘气、腹式呼吸。两肺的心叶、尖叶和膈叶对称性发生肉变至胰变。自然感染的情况下，易继发巴氏杆菌、肺炎球菌、胸膜肺炎放线杆菌。

鉴别诊断：应将本病与猪流感、猪繁殖与呼吸综合征、猪传染性胸膜肺炎、猪肺丝虫、蛔虫感染（多见于 3~6 月仔猪）等进行鉴别。

防制：

猪肺炎支原体对青霉素及磺胺类药物不敏感，而对氧氟沙星、恩诺沙星等敏感。目前常用的药物有：环丙沙星、氧氟沙星、恩诺沙星、二氟沙星、庆大霉素或丁胺卡那霉素、酒石酸泰乐菌素或北里霉素或泰妙菌素、利高霉素。母猪产前产后、仔猪断奶前后，在饲料中拌入100毫克/千克枝原净，同时以75毫克/千克恩诺沙星的水溶液供产仔母猪和仔猪饮用；仔猪断奶后继续饮用10天；同时需结合猪体与猪舍环境消毒，逐步自病猪群中培育出健康猪群。或以800毫克/千克呼诺芬、土霉素、金霉素拌料，脉冲式给药。

免疫：7~15日龄哺乳仔猪首免1次；到3~4月龄确定留种用猪进行二免，供育肥用猪不做二免。种猪每年春秋各免疫1次。

十五、猪胸膜肺炎

临床症状：常发于6周至3月龄猪。在急性病例，病猪昏睡、废食、高热。时常呕吐、拉稀、咳嗽。后期呈犬坐姿势，心搏过速，皮肤发紫，呼吸极其困难。剖检可见，严重坏死性、出血性肺炎，胸腔有血色液体。气道充满泡沫、血色、黏液性渗出物。双侧胸膜上有纤维素黏着，涉及心叶、尖叶。在慢性病例，病猪有非特异性呼吸道症状，不发热或低热。剖检可见，纤维素性胸膜炎，肺与胸膜粘连，肺实质有脓肿样结节。

鉴别诊断：猪流感、猪繁殖与呼吸综合征、单纯性猪喘气病。

防制：

治疗。仅在发病早期治疗有效。治疗给药宜以注射途径。注意用药剂量要足。目前常用的药物：首选氟苯尼考（氟甲砜霉素）。其次氧氟沙星或环丙沙星或恩诺沙星或二氟沙星等。

预防。用包含当地的血清型的灭活菌苗进行免疫。在饲料中定期添加易吸收的敏感抗菌药物。

十六、猪肺疫（猪巴氏杆菌病）

临床症状：气候和饲养条件剧变时多发。急性病例高热。急性咽喉炎，颈部高度红肿。呼吸困难，口鼻流泡沫。咽喉部肿胀出血，肺水肿，有肝变区，肺小叶出血，有时发生肺粘连。脾不肿大。

鉴别诊断：猪流感、猪传染性萎缩性鼻炎、猪传染性胸膜肺炎、仔猪副伤寒、单纯性猪喘气病等。

防制：

药物选用头孢菌素类和磺胺类药物治疗有较好的效果。

在用抗菌药肌内注射的同时可选用其他抗菌药拌料口服。每吨饲料添加磺胺嘧啶800克，TMP 100克，连续混饲给药3天。

该病常继发于猪气喘病和猪瘟的流行过程中。猪场做好其他重要疫病的预防工作可减少本病的发生。预防本病时要做好猪群定期的免疫接种。

十七、猪丹毒

临床症状：多发生于夏天 3~6 月龄猪，病猪体温很高。多数病猪耳后、颈、胸和腹部皮肤有轻微红斑，指压退色，病程较长时，皮肤上有紫红色疹块，呕吐。胃底区和小肠有严重出血，脾肿大，呈紫红色。淋巴结肿大，关节肿大。

鉴别诊断：病猪肌肉震颤，后躯麻痹。粪中带血，气味恶臭。全身皮肤瘀血，可视黏膜发绀，口腔、鼻腔、肛门流血。头部震颤，共济失调。胃及小肠黏膜充血、出血、水肿、糜烂。腹腔内有蒜臭样气味。脾肿大、充血，胸膜、心内外膜、肾、膀胱有点状或弥漫性出血。慢性病例眼瞎，四肢瘫痪。

防制：

青霉素、氧氟沙星或恩诺沙星等治疗有显著疗效。及时用青霉素按每千克体重 1.5 万~3 万单位，每天 2~3 次肌内注射，连用 3~5 天。绝大多数病例的疗效良好，极少数不见效，可选用氧哌嗪青霉素，若与庆大霉素合用，疗效更好。预防：参考前面的免疫程序。

第五节　兽药使用知识

随着人们生活水平的日益提高，畜产品的质量越来越受到消费者的普遍关注，而直接为畜牧业发展起保障作用的兽药，逐渐成为保证畜产品质量安全的关键因素。

一、个体给药法

1. 经口投药法

它是将药液或药片直接灌（放）入口腔的给药方法。经口投药操作简便，剂量准确，但药物吸收较慢，受消化液的影响，生物利用度低，药效出现迟缓，且花费人工较多。

（1）口内灌药。给小猪或羊灌药时，助手提起动物两耳（角）或前肢，术者用汤匙或不接针头的注射器，将药液灌入口腔内；给大猪灌药时，应确切保定，术者用棍棒撬开猪嘴，从口角将药液灌入口腔内。给牛灌药时，助手保定并抬高牛的头部，术者左手从牛的右侧口角伸入口腔，轻压舌头，右手持盛药的灌角或长颈药瓶，顺口角将瓶颈插送向舌背，并抬高药瓶，使药液流入口腔内。

灌药时应注意，不要操之过急，每次灌入的药液被吞咽后，接着再灌；如发生动物剧烈咳嗽，应立即停止灌药，令其头部低下，使药液咳出，以防误咽入肺。

（2）口内投放。给猪、犬、羊投服片剂、丸剂、胶囊时，保定动物，用器械打开口腔，将药片、药丸直接放在舌背部即可。对家禽口内投放片剂、丸剂、胶囊时，左手食指深入口腔，外拉舌体并与拇指配合，将舌固定在下颚，右手即将药剂投放到口内。

2. 胃管投药法

胃管投药需要准备专用的胃管，管径大小，因动物选定。灌药时，用特制开口器，打开口腔，将胃管经开口器中央孔插入食管，直至胃内，胃管的游离端连接盛药漏斗，抬高，待药液流尽后，抽出胃管。家禽胃管投药时，可将连接注射器的胶管直接经口插入食道、嗉囊后，注入药液。

胃管投药的技术性较强，胃管插抵咽部时，应轻轻抽动，刺激动物吞咽，顺势推动胃管进入食管。胃管插入食管的判断方法是，胃管通过咽部进入食管时，感觉稍有阻力，动物较为安静，并可在左侧颈沟部触摸到有硬感的胃管。如果误插到气管，则动物不安，剧烈咳嗽，将胃管游离端置于水中，可随动物呼气，出现气泡。

3. 注射给药法

（1）肌内注射。对有刺激性或吸收缓慢的药剂，如水剂、乳剂、油剂等，以及大多数免疫接种时，都可采用肌内注射。肌内注射操作简便，剂量准确，药效发挥迅速、稳定。肌内注射时，水溶液吸收最快，油剂或混悬剂吸收较慢。刺激性太强的药物不宜肌内注射。肌内注射的部位，在耳根后或臀部。进行肌内注射时，应保定好动物，注射部位常规消毒。术者左手接触注射部位，右手持连接针头的注射器，呈垂直刺入。刺入深度以针头的2/3为宜，紧接着将药液推入，注射完毕，局部消毒。家禽胸部肌内注射时，针头与体表宜成45°角刺入，且不宜太深，以免药物注入体腔或肝脏。

（2）皮下注射。刺激性小的注射液、疫（菌）苗、血清等，都可采取皮下注射。皮下注射时，药物吸收较慢，如药液量较多，可多点进行。皮下注射的部位，猪在耳根后或股内侧。进行皮下注射时，保定动物，局部常规消毒，左手提起皮肤形成皱褶，右手持连接针头的注射器，在皱褶基部刺入针头，推进药液，注射完毕，局部消毒，适当按摩，以利吸收。

（3）静脉注射。它是将药液直接注入静脉的给药方法。静脉注射给药时，药物直接进入血液循环，奏效迅速，适用于危重病例急救、输液或某些刺激性强的药物。静脉注射的部位在耳静脉。操作时，保定动物，压迫血管，使静脉怒张，针头沿静脉与皮肤成45°角，迅速刺入皮肤直至静脉血管内，待有回血，即可将药液注入。静脉注射的技术要求较高，注射部位及器具，必须严格消毒，注入药液前，必须将针管或输液管内的空气排净，药液温度要接近动物体温，注射速度不宜过快，并要密切注意病畜反应，如果出现异常，应立即停止注射或输液，进行必要的处理。

（4）腹腔注射。腹腔容积大，浆膜吸收能力强，当猪静脉输液困难时，可以采取腹腔注射输液。腹腔注射部位，在腹壁后下部。提起病猪后肢保定，使腹腔器官前移，局部常规消毒。注射时，左手拇指压在耻骨前3~5厘米处，右手持连接针头的注射器，在腹中线旁2厘米进针，注入药液，拔出针头后再次消毒。

（5）气管注射。治疗中、小动物气管或肺部疾病时，可采用气管注射。仰卧或侧卧（病侧向下）保定，前部略微抬高，气管部皮肤常规消毒。注射时，右手持连接针头的注射器，将针头在两气管轮之间刺入，缓缓推入药液，拔出针头后再次消毒。

4. 灌肠给药法

保定动物，将灌肠器胶管插入肛门内，使灌肠器或吊桶内的药液、温水或肥皂液输入直肠或结肠，用于治疗便秘，或在进行直肠检查前用以清除粪便。

5. 局部涂擦法

将松节油、碘酊、樟脑酊、四三一搽剂等药物，直接涂擦在未破损的皮肤上，以发挥局部消炎、镇痛、消肿作用。

二、群体给药法

1. 混水给药

它是将药物溶于水中，让猪自由饮用。养猪场最常采用混水给药。进行混水给药时，首先要了解药物在水中的溶解度。易溶于水的药物，能够迅速达到规定的浓度；难溶于水的药物，若经加温、搅拌、加溶剂后，如能达到规定的浓度，也可混水给药。当前，多采用经厂家加工的可溶性粉剂。其次，要注意混水给药的浓度。浓度适宜，既可保证疗效，又能避免中毒。混水浓度可按百分比或毫克/千克计算。

2. 混料给药

将药物均匀地混入饲料，供猪自由采食，适用于长期投药。混料给药时，药物与饲料必须混合均匀，通常变异系数（CV）不得大于5%。常用递加稀释法，先将药物加入少量饲料中，混匀，再与10倍量饲料混合，以此类推，直至与全部饲料混匀。还要掌握混料与混水浓度的区别，一般药物混料浓度为混水浓度的2倍；有些药物的混水浓度较高，如泰乐菌素的混水给药浓度为每千克体重500~800毫克，混料浓度仅每千克饲料20~50毫克。此外，还应注意药物与饲料添加剂的相容性与相互关系。

3. 兽药配伍禁忌表（表6-7）

表6-7 兽药配伍禁忌

分类	药物	配伍药物	配伍使用结果
青霉素类	青霉素钠、钾盐；氨苄西林类；阿莫西林类	喹诺酮类、氨基糖苷类（庆大除外）、多黏菌素类	效果增强
		四环素类、头孢菌素类、大环内酯类、氯霉素类、庆大霉素、利巴韦林、培氟沙星	相互拮抗或疗效相抵或产生副作用，应分别使用、间隔给药
		维生素C、罗红霉素、维生素C多聚磷酸酯、磺胺类、氨茶碱、高锰酸钾、盐酸氯丙嗪、B族维生素、过氧化氢	沉淀、分解、失效
头孢菌素类	头孢系列	氨基糖苷类、喹诺酮类	疗效、毒性增强
		青霉素类、洁霉素类、四环素类、磺胺类	相互拮抗或疗效相抵或产生副作用，应分别使用、间隔给药
		维生素C、B族维生素、磺胺类、罗红霉素、氨茶碱、氯霉素、氟苯尼考、甲砜霉素、盐酸强力霉素	沉淀、分解、失效
		强利尿药、含钙制剂	与头孢噻吩、头孢噻呋等头孢类药物配伍会增加毒副作用

（续表）

分类	药物	配伍药物	配伍使用结果
氨基糖苷类	卡那霉素、阿米卡星、核糖霉素、妥布霉素、庆大霉素、大观霉素、新霉素、巴龙霉素、链霉素等	抗生素类	本品应尽量避免与抗生素类药物联合应用，大多数本类药物与大多数抗生素联用会增加毒性或降低疗效
		青霉素类、头孢菌素类、洁霉素类、TMP	疗效增强
		碱性药物（如碳酸氢钠、氨茶碱等）、硼砂	疗效增强，但毒性也同时增强
		维生素 C、维生素 B	疗效减弱
		氨基糖苷同类药物、头孢菌素类、万古霉素	毒性增强
	大观霉素	氯霉素、四环素	拮抗作用，疗效抵消
	卡那、庆大霉素	其他抗菌药物	不可同时使用
大环内酯类	红霉素、罗红霉素、硫氰酸红霉素、替米考星、吉他霉素（北里霉素）、泰乐菌素、替米考星、乙酰螺旋霉素、阿奇霉素	洁霉素类、麦迪素霉、螺旋霉素、阿司匹林	降低疗效
		青霉素类、无机盐类、四环素类	沉淀、降低疗效
		碱性物质	增强稳定性、增强疗效
		酸性物质	不稳定、易分解失效
四环素类	土霉素、四环素（盐酸四环素）、金霉素（盐酸金霉素）、强力霉素（盐酸多西环素、脱氧土霉素）、米诺环素（二甲胺四环素）	甲氧苄啶、三黄粉	稳效
		含钙、镁、铝、铁的中药如石类、壳贝类、骨类、矾类、脂类等，含碱类，含鞣质的中成药、含消化酶的中药如神曲、麦芽、豆豉等，含碱性成分较多的中药如硼砂等	不宜同用，如确需联用应至少间隔 2 小时
		其他药物	四环素类药物不宜与绝大多数其他药物混合使用

三、兽药选择及注意事项（表6-8）

下列各项给药途径、保存，除注明外，均为肌内注射、冷藏。

表6-8　兽药选择及注意事项

商品名称	制造商	成分	用途、给药途径和保存	剂量	停药期（天）
青霉素 G	东北制药	青霉素	丹毒 链球菌感染（脑膜炎、关节炎） 化脓 母猪膀胱炎 乳房炎 母猪无名热 产气荚膜梭菌（哺乳仔猪红痢） 呼吸系统疾病	3.3万单位/千克	5
盐酸四环素	南京制药	四环素	断奶仔猪发育不良 断奶仔猪、育肥猪的呼吸系统疾病 不洁母猪 回肠炎（细胞内寄生的罗松氏菌）引起的腹泻	40毫克/千克	18
卡那霉素		卡那霉素	呼吸系统疾病	15毫克/千克	21
磺胺嘧啶钠注射液		磺胺嘧啶（SD）	主要用于治疗大于5日龄仔猪下痢 呼吸系统疾病	20毫克/千克	10
氯霉素注射液		氯霉素	呼吸系统疾病 MMA（乳房炎、子宫炎、无乳综合征）	20毫克/千克	5

（续表）

商品名称	制造商	成分	用途、给药途径和保存	剂量	停药期（天）
庆大霉素		庆大霉素	主要用于治疗小于5日龄仔猪下痢渗出性皮炎	5毫克/头	42
天加能 Tinkanium	富道	TMP+磺胺二甲嘧啶	主要用于治疗大于5日龄仔猪下痢断奶仔猪下痢哺乳仔猪呼吸系统疾病	1毫升/10千克（24毫克/千克）	10
长效土霉素 OTC 20% L. A. 或 Terramycin LA	富道 Pfizer	土霉素长效	断奶仔猪发育不良、断奶仔猪、育肥猪的呼吸系统疾病，不洁母猪回肠炎（细胞内寄生的罗松氏菌）引起的腹泻	1毫升/5千克（40毫克/千克）1毫升/10千克	28
阿莫西林	太原	阿莫西林	呼吸系统疾病途径：饮水断奶仔猪脑炎和多发性浆膜炎	100克/9千克再1∶100稀释	5
新霉素		新霉素	断奶仔猪下痢途径：饮水	100克/9升再1∶100稀释	14
TMP+SCP 1∶5		TMP+磺胺氯吡嗪钠	呼吸系统疾病断奶仔猪下痢途径：饮水	240克/4.5升再1∶100稀释	12
Duphamox	富道	阿莫西林	呼吸系统疾病断奶仔猪脑炎和多发性浆膜炎	7毫克/千克	5

激素、驱虫药及其他

表 6-9 激素、驱虫药及其他

商品名称	制造商	成分	用途、给药途径和保存	剂量	停药期（天）
P. G. 600	英特威	PMSG+HCG	促进发情	5 毫升 外阴注射减半	7
律胎素	普强	PGF2α	引产 途径：或外阴部注射	1~2 毫升	3
催产素		催产素	促进子宫收缩 途径：外阴注射	0.5 毫升	3
驱虫净		盐酸左旋咪唑	内寄生虫	6 毫克/千克	3
安乃近		安乃近	抗炎、镇痛、母猪跛行	10 毫升/母猪	21
右旋糖苷铁 Terrofax	广西 加拿大	右旋糖苷铁（100 毫克/毫升）	预防 3 日龄内仔猪贫血（3 日龄和 10 日龄各注射 1 次）	总量 2 毫升/头	0

除注明外，均为肌内注射、冷藏

饲料添加药物（表 6-10）。

表 6-10 饲料添加药物

阶段（体重）	通用名称	商品名称	剂量（毫克/千克）
断奶仔猪（6~10 千克）	1. 金霉素+磺胺+青霉素 2. 土霉素，或金霉素/四环素 3. 卡巴氧	ASP250（100＋100＋50） 土霉素-金霉素 Mecadox	110 +110 +55 330 50

针头长度（表6-11）。

表6-11　针头长度

饲养阶段	针头长度（Gauge×毫米）	饲养阶段	针头长度（Gauge×毫米）
哺乳仔猪	9×10	育成、育肥，包括后备母猪、公猪	16×38
断奶仔猪	12×20、16×20（黏稠疫苗如口蹄疫免疫）	基础母猪、公猪	16×45

注：1. 实际操作，应根据猪的体重。推荐使用 5 种型号：9×10，12×20，16×20，16×38 和 16×45；

2. 16×45 略长，16×38 更好一些；

3. 育成、育肥、后备母猪、公猪可用 16×25

所有注射均应在颈部

第六节　病死猪处理及隔离制度

一、隔离制度

隔离就是将猪群置于一个相对安全的环境中进行饲养管理。隔离有利于防疫和生产管理。

隔离包括：人员隔离、各生产区人员之间、外来人员、进出车辆、引进猪的隔离、病猪隔离。

隔离的措施包括：

1. 猪场建设

（1）猪场选址恰当。远离村镇、交通要道、城市至少 500 米。远离屠宰场、化工厂及其他污染源。

远离其他畜牧场 3 000 以上。向阳避风、地势高燥、通风良好。水电充足（万头猪场日用水量为 100～150 吨）、水质好、排水方便、交通较方便、最好配套有鱼塘、果林或耕地。

（2）猪场布局合理。三区分开并有一定间隔距离。

生活管理区、生产配套区（饲料车间、仓库、兽医室、更衣室等）、生产区 [配种舍、怀孕舍、保育舍、生长舍、育肥（或育成）舍]、装猪台，从上风向下风方向排列。

（3）猪场辅助设施齐备。设立围墙与防疫沟，并建立绿化带。建设兽医室、更衣消毒室、病死猪无害化处理车间等。

建立隔离舍：病畜隔离舍和引种隔离舍。隔离舍与生产区要有一定距离。引种隔离舍，距生产区至少 500 米以上。隔离舍一定要在下风口。装猪台：建在生产区围墙外。场内道路布局合理：净道（进料）和污道（出粪）分开。猪场周围禁止放牧，协助当地周围村镇的免疫工作。

（4）新引种猪隔离。感染猪与易感猪之间直接接触是传播疾病最有效的途径。因此对引进猪只进行隔离，可有效避免这样的疾病传播。现提出以下几点隔离意见：

①隔离舍应与猪场生产区有一段距离并采用全封闭式的。

②隔离场采用全进全出制，批次间要严格清洗、消毒、空栏。

③隔离时间在 30～60 天，最好是 60 天。隔离观察正常的载猪消毒后进入生产区。

④隔离场的工作人员仅在隔离场工作，与其他猪只没有任何接触。

⑤新猪往隔离场运输之前，以及从隔离场转入种猪场之前，本场兽医与源场兽医联系，了解健康状况。

⑥当隔离场猪只血检发现已知病原时，要进一步检查所有猪只。

⑦隔离期间，可对引进猪只进行观察，确保没有疾病迹象之后再转入猪群。

⑧隔离的时候，还可以针对引进猪只的特定病原感染情况进行试验，并针对大群当中已知存在的疾病对引进猪只进行免疫接种。

2. 人员及车辆隔离

外来人员：严控外来人员进入生产区。

特殊情况，获准进场者一定要消毒方可进入。

进入车辆：外来车辆严禁进入生产区。

运输饲料进入生产区的车辆要彻底消毒。

运猪车辆出入生产区、隔离舍、出猪台要彻底消毒。

二、病死猪处理

按照《中华人民共和国动物防疫法》和国家有关规定，严格对病死猪采取"四不一处理"处置措施，即不准宰杀、不准食用、不准出售、不准转运，对病死猪必须进行无害化处理。

1. 深埋法

深埋法是处理病死猪尸体的一种常用、可靠、简便的方法。将病死猪尸体或附属物进行深埋处理，以彻底消灭其所携带的病原体，达到消除病害因素，保障人畜健康安全的目的。坑应尽可能的深（2~4米），但坑的底部必须高出地下水位至少1米，坑壁应垂直。每头成年猪约需1.5立方米的填埋空间，坑内填埋的肉尸和物品不能太多，掩埋物的顶部距坑的上表面不得少于1.5米（图6-1）。

图6-1　深埋

对于规模养殖而言，该法的缺点：一是处理地点难以寻找；二是挖掘、掩埋成本高，难以确保落实到位；三是存在疫情扩散的隐患；四是不适用于患有炭疽等芽孢杆菌类疫病控制。

2. 焚烧法

焚烧法是一种高温热处理技术，即以一定的过剩空气量与被处理的有机废物在焚烧炉内进行氧化燃烧反应，废物中的有害有毒物质在高温下氧化、热解而被破坏，是一种可同时实现废物无害化、减量化、资源化的处理技术。焚烧法是指通过氧化燃烧，杀灭病原微生物，把动物尸体变为灰渣的过程。焚烧的难点是烟气和异味处理。

对确认患猪瘟、口蹄疫、传染性水泡病、猪密螺旋体痢疾、急性猪丹毒等烈性传染病的病死猪，常采用此方法。

（1）简易焚化炉。通过燃料或燃油直接对动物尸体进行焚烧处理。此种设备具有投资小、简便易行、焚烧效果较好的优点，为目前小型养殖场广泛采用。

（2）无害化焚烧炉。炉型有脉冲抛式炉排焚烧炉、机械炉排焚烧炉、流化床焚烧炉、回转式焚烧炉和 CAO 焚烧炉。整套处理系统由助燃系统、焚烧系统、集尘器系统，电控系统等四部分组成。以处理量为 50~100 千克的焚烧炉为例，购买设备的投资大约在 7 万元，烧一头 100 千克的猪，花费的油钱、电费需要 100 多元；而处理量达 10 吨的集中处理设施，根据钢材厚度的不同，售价一般在 100 万~200 万元。

无害化焚烧炉的优点是彻底、减量。缺点：一是动物尸体需要切割肢解，防疫要求高。二是因环保而受限制，燃烧的过程会产生大量的污染物（烟气），不允许直接排放，包括灰尘、一氧化碳、氮氧化物、重金属、酸性气体等。排放污染物是其他方法的 9 倍以上。三是耗能高。第 1 燃烧室温度 600℃以上，第二燃烧室温度 1 000℃以上，焚烧一次耗油量大。同时工艺复杂，需对烟气等有害产物处理，大大增加处理成本。四是燃烧过程有恶臭（未完全燃烧有机物，如硫化氢、氧化物）影响环境。

（3）化尸窖处理。该法也有叫化尸池、化尸井，是在专门的猪场隔离和病死猪处理区内建设专用的尸体窖，将病死猪尸体抛入窖内，利用生物热的方法将尸体发酵分解，以达到消毒的目的。

实际应用中，对于尸体坑的建设位置及建筑质量有较高的要求，而且处理尸体所需的时间较长，后期管理难度高。化尸窖附近要有："无害化处理重地，闲人勿进""危险！请勿靠近"等醒目警告标志。

（4）化制法。把动物尸体或废弃物在高温高压灭菌处理的基础上，再进一步处理的过程，（如化制成为肥料、肉骨粉、工业用油、胶、皮革等）。化制法分为干化和湿化 2 种，干化法是将废弃物放入干化制机内。热蒸汽不直接接触化制的肉尸，而循环于夹层中。化制的难点主要是对污水和臭味的处理。湿化法采用高压蒸汽直接与尸组织接触。

化制是一种较好地处理病死畜禽的方法，是实现病死畜禽无害化处理、资源化利用的重要途径，操作较简单，投资较小，处理成本较低，灭菌效果好、处理能力强、处理周期短，单位时间内处理最快，不产生烟气，安全等优点。但处理过程中，易产生恶臭气体（异味明显）和废水，设备质量参差不齐、品质不稳定、工艺不统一、生产环境差等问题。

化制法主要适用于国家规定的应该销毁以外的因其他疫病死亡的畜禽，以及病变严重、肌肉发生退行性变化的畜禽尸体、内脏等。化制法对容器的要求很高，适用于国家或地区及中心城市畜禽无害化处理中心，也可用于养殖场、屠宰场、实验室、无害化处理厂、食品加工厂等。

（5）堆肥法。一般在场内实施，在有氧的环境中利用细菌、真菌等微生物对有机物进行分解腐熟而形成肥料的自然过程。病死猪放入堆肥装置后，混合一些堆肥调理剂，大约3个月，死猪尸体几乎完全分解时，翻搅堆肥，即可用作农作物的有机肥料，达到降低处理成本、提高生物安全的目的。一般说来，猪堆肥箱体设计，一般是每0.45千克日平均消耗0.085立方米的总容积（初级箱和次级箱各0.0425立方米）。例如，肉猪场每天90千克消耗，将需要大概8.5立方米的初级箱体和次级箱体。

优点：一是该法能彻底地处理病死猪，处理效果能满足规模猪场需要；二是处理过程为耗氧反应，臭味小，不污染水源；三是不配备大型设施设备，成本一般，易于操作。

缺点：一是锯末、秸秆等垫料因未重复使用，需求量相对较大；二是未添加有益微生物，处理时间较长；三是处理效果仅靠操作者感觉调整，不精准；四是翻耙工作量相对较大。

此法因堆沤时间较长、处理能力有限，适合中小规模猪场采用。

（6）发酵床生物处理病死猪技术。该法是将病死猪尸体与锯末、稻壳、秸秆等农林副产物组成的垫料混合，使用自源微生物或接种专用有益微生物菌种，营造有益微生物良好的生活环境，通过体内外微生物共同作用来分解病死猪尸体，同时所产生的大量热量将病原微生物和寄生虫虫卵杀灭的一项无害化生物环保技术。流程为混合菌种调整湿度→堆积发酵后填入发酵池→填入死猪、垫料管理→处理完毕、翻耙，补充菌种。从总体看，正常使用3年的生物发酵床其运行过程中由于产生50℃以上的高温，能快速杀灭病毒、细菌。从生物安全角度看，该方法处理病死猪高效、安全。优点：一是该法能彻底地处理病死猪，处理效果能满足不同规模猪场需要，一般肌肉组织彻底分解仅需20天左右；二是处理过程中添加了有益微生物菌种，处理效率显著提升；三是处理时产生大量生物热，平均温度45℃以上，能杀灭病原、虫卵和种子等，疫病扩散风险大大降低；四是处理过程耗氧反应，臭味小，不污染水源；五是垫料可重复利用，无大型装备配置，成本较低，易于操作。缺点：一是垫料翻耙难以保证到位；二是处理操作仅靠业者感觉调整，精准度难控制；三是翻耙工作量相对较大，处理效果有差异。该法因使用了高效的有益微生物菌种，且发酵床面积够大，处理效率较高，取材方便，适合各种规模猪场采用。

（7）病死猪滚筒式生物降解模式。该法是在通过滚筒转动，使垫料、病死猪尸体充分与氧气结合，加快生物发酵进程的一种生物降解法处理病死猪模式。设备主要包括滚筒仓系统、通风系统和控制系统等。设备的生物工程和机械工程的降解处理过程均由电脑自动控制，无需人工操作。目前，设备有不锈钢型和塑料滚筒两类。

该设备处理能力：每组机器根据型号的不同年处理能力在49~157吨。该模式的优点：一是24小时内彻底地处理；二是满足不同规模猪场及病死猪无害化集中处理场点的需要；三是剩余部分分解产物，不用每次添加了微生物菌种；四是90℃以上高温，能杀灭病原、虫卵和种子等；五是接入了臭气处理系统，没有臭气污染；六是设备占地面积少，可移动。缺点：一次性设备投入资金大，需要配套尸体破碎设备，运营费用较高。

（8）病死猪高温生物无害化处理一体机。该病死猪处理模式采用降解主机和纳米除臭系统。

将病死猪进行粉碎或切成小块，投入降解主机，自动加热，搅拌叶搅动，使病死猪充分与垫料集合；所产生的气体由纳米除臭系统处理，最后形成二氧化碳和水蒸气，由专门排气口排出。尸体在搅拌过程中快速降解，24小时基本降解完毕，48小时候基本彻底分解。病死猪高温生物无害化处理一体机优点：一是操作简单，全天24小时连续运作，可随时处理禽畜尸体及农场有机废弃物。二是处理速度快，一般36小时即可完全分解成粉末状，有效再生利用。三是采用高温灭菌，处理温度在90℃以上，可消灭所有病原菌。四是安全环保，处理过程中产生的水蒸气自然挥发，无烟无臭无污染无排放，节能环保。缺点：一次性设备投入资金大，运营费用较高。

（9）高温生物降解技术。该病死猪处理模式是在密闭环境中，通过高温灭菌，配合好氧生物降解处理病害猪尸体及废弃物，转化为可产生优质有机肥原料，进一步加工可制成优质有机肥料，达到灭菌、减量、环保和资源循环利用的目的。

优点：能杀灭有害病原体；可将动物整体放入，无需肢解；包括垫料等其他垃圾材料可一起被分解；处理过程中无恶臭气味产生；操控简单，节能环保。

第七章 非洲猪瘟

第一节 非洲猪瘟背景

一、非洲猪瘟定义

非洲猪瘟（ASF）是由非洲猪瘟病毒（ASFV）引起的一种急性、烈性、高度接触性的传染病，其发病率高，死亡率可高达100%，世界动物卫生组织（OIE）将其列为必须报告动物疫病，我国将其列为一类动物疫病。

二、非洲猪瘟的流行史

ASF 于 1921 年首次发现于非洲的肯尼亚地区。在最初的几十年里，ASF 一直被限制在非洲，直到 1957 年第一次在非洲大陆之外的葡萄牙被发现，导致超急性疾病和 100% 的死亡率。经过一段沉默期后，它于 1960 年（1960-1993；1999 年）在葡萄牙重新出现，并在西班牙（1960—1995），法国（1964 年），意大利（1967 年、1969 年、1993 年），马耳他（1978 年），比利时（1985 年）和荷兰（1986 年）连续发现。除意大利撒丁岛外，上述欧洲国家均设法根除了 ASF。2007 年，ASF 进入格鲁吉亚，病原属于起源于非洲东南部的基因 II 型，且很有可能是通过废弃食物作为泔水，或当作垃圾处理被猪采食。该疫病在高加索地区迅速蔓延（2007 年亚美尼亚和 2008 年阿塞拜疆）。通过与紧邻格鲁吉亚边境感染野猪的接触，ASF 在 2007 年 11 月份进入了俄罗斯。

2016 年，ASF 开始不断突破新的边界。2016 年俄罗斯和乌克兰的 ASF 暴发持续增加。在乌克兰，ASF 不断向西南方向移动，到达了摩尔多瓦、匈牙利和罗马尼亚。2016年9月，摩尔多瓦报道了第一例家猪感染ASFV。疾病持续向欧洲的西部国家扩散，主要与野猪传播相关。2017年，ASF进入捷克和罗马尼亚。在2017年6月下旬，捷克东部的野猪群确认了首起ASF疫情后，在接下来的3个月内已确认了100多例新的疫情。罗马尼亚在夏季也确认了家猪群感染ASFV。

　　2018年8月3日我国公布辽宁省沈阳市一养猪户发生非洲猪瘟疫情，在此之前的几天，其饲养的猪陆续发生不明原因死亡，病死猪剖检发现脾脏异常肿大，疑似非洲猪瘟病毒感染。经国家外来动物疫病研究中心检测，确诊为非洲猪瘟病毒核酸阳性，B646L/p72基因序列417个碱基与俄罗斯毒株100%匹配，与俄罗斯和东欧目前流行的格鲁吉亚毒株（Georgia，2007）属于同一进化分支，这是我国发现的首例非洲猪瘟（Zhou等，2018）。随后，在河南、江苏、安徽、浙江、黑龙江、内蒙古自治区、吉林等地区也陆续出现疫情。

三、非洲猪瘟的危害

　　中国是生猪养殖和产品消费大国，生猪的养殖量和存栏量均占全球总量一半以上，同时猪肉是居民主要肉品蛋白质来源，猪肉消费占到总肉类消费的60%以上，加之生猪养殖规模化程度低，生猪调运频次高、数量多，一旦出现ASF流行，将对我国生猪产业和相关贸易产生非常大的影响，如何对ASF进行科学防控，降低其对我国养猪业的影响，也成为目前行业关注的重点。

第二节　非洲猪瘟病原学

一、命名和分类

　　1. 病毒命名

　　ASFV是一种单分子线状双链DNA病毒，属于双链DNA病毒目，非洲猪瘟病毒科，非洲猪瘟病毒属，该科仅有ASFV一个属，也是目前唯一已知核酸为DNA的虫媒病毒。ASFV与猪瘟病毒是两种完全不同的病毒，亲缘关系差异很大。猪瘟病毒是ssRNA病毒，属于黄病毒科、瘟病毒属，其RNA为单股正链，同属成员还包括牛病毒性腹泻病毒（BVDV）、羊边界病病毒（BDV）。

　　2. 流行毒株

　　通常认为ASF只有一种病毒血清型，但最近的研究报道，基于红细胞吸附抑制试验（HAI）可以将 32 个 ASFV 病毒毒株分成 8 个血清组。然而，ASFV 基因组变异频繁，表现出明显的遗传多样性。根据对 ASFV 高度保守的 B646L 基因（编码一个主要的结构蛋白 P72）的序列，将已知所有的 ASFV 的毒株分为 23 个基因型，即基因 Ⅰ-ⅩⅩⅢ 型。不同基因型的 ASFV 毒株分布有一定的区域性特点。有些基因型仅在某个国家发生，如 Ⅴ、Ⅵ、Ⅸ、Ⅺ、ⅩⅢ、ⅩⅣ、ⅩⅤ 和 ⅩⅥ，而有些基因型毒株不受国界限制，如 Ⅰ、Ⅱ、Ⅴ、Ⅷ、Ⅹ 和 Ⅻ。

非洲大陆主要有两大流行区域：一是非洲的西部和中部地区，从纳米比亚到刚果民主共和国、塞内加尔，该区域只有基因 Ⅰ 型在流行。二是非洲的东部和南部地区，从乌干达和肯尼亚到南非，这些地区的不同 ASFV 分离株变异较大，东部非洲有 13 个 ASFV 基因型在流行，南部非洲有 14 个。其中，赞比亚流行基因型最多，已经鉴定了 7 个基因型；其次为南非 6 个，莫桑比克 4 个。这些地区流行毒株的高度多样性与这些国家中多数存在丛林传播循环模式密切相关，这个循环模式在 ASFV 的流行中具有重要作用。

基因 Ⅱ 型曾在莫桑比克、赞比亚和马达加斯加的家猪群流行，2007 年传入高加索地区的格鲁吉亚和俄罗斯。当前中国流行的 ASFV 也属于基因 Ⅱ 型。

二、形态结构

1. 病毒的形态与大小

ASFV 是一种在胞浆内复制的二十面体对称的 DNA 病毒，病毒直径为 175~215 纳米，细胞外病毒粒子有一层囊膜，内有核衣壳，六边形外观。

2. 病毒的结构

ASFV 的 DNA 核心位于病毒中间，直径为 70~100 纳米，二十面体衣壳的直径为 172~191 纳米，与含类脂的囊膜一起包裹着病毒外周；衣壳由 1 892~2 172 个壳粒构成，中心有孔，呈六棱镜状，壳粒间的间距为 7.4~8.1 纳米。

成熟的病毒粒子由多层结构组成，含有 50 多种病毒编码的蛋白质，其中包括结构蛋白、基因转录和 RNA 加工所需的酶，是构成病毒粒子结构的主要成分，对病毒粒子的再次感染有重要作用。病毒粒子的结构蛋白有 p72、p49、p54、p220、p62 和 CD2v 等，其中 p72 蛋白表达于 ASFV 感染晚期，位于病毒衣壳的表面，具有良好的反应原性和抗原性，是病毒二十面体衣壳的重要组成成分。

三、理化特性和生物学特性

ASFV 是一种抗性非常强的病毒，能够耐受高温和较大范围的 pH 值波动，加热到 56℃持续 70 分钟或 60℃持续 20 分钟才可使其灭活。0.05% 的 β-丙内酯和乙酰乙烯亚胺（AEI）可在37℃60分钟内使其灭活。0.8%的氢氧化钠（30分钟）、含2.3%有效氯的次氯酸盐溶液（30分钟）、0.3%福尔马林（30分钟）、3%苯酚（30分钟）和碘化合物可灭活ASFV。ASFV对乙醚及氯仿等脂溶剂敏感。带囊膜的ASFV病毒粒子能够明显抵抗蛋白酶的作用，但易被胰脂酶灭活。胃蛋白酶可作用于无囊膜病毒粒子的六角形衣壳，而胰蛋白酶则不能。在制定ASFV的防控策略（如消毒）时必须考虑这些因素。

ASFV在排泄物、尸体、新鲜肉类和某些肉类产品中可存活的时间不等。在死亡野猪尸体中可以存活长达1年，在猪粪便中感染能力可持续11天，冷藏肉类可能持续感染110天（在冻结肉中的时间更长），未经烧煮或高温烟熏的火腿和香肠中能存活数月。

四、基因组结构与功能

ASFV基因组是末端共价闭合的单分子线状双链DNA，基因组全长170~190kb（由于毒株的不同而有差异），有151个ORF，可编码150~200种蛋白。ASFV基因组的中部为中央保守区（C区），长度约125kb，该区域的一些基因（如p72基因）常作为ASFV基因分型的依据。其中p72是主要的结构蛋白之一，占病毒总蛋白量的1/3，而且该蛋白序列保守，抗原性佳，病毒感染后能够产生高滴度的抗p72抗体，因此常被用作非洲猪瘟的血清学诊断。C区还含有一个4kb的中央可变区（CVR），位于p72伴侣蛋白基因B602L（9RL），在不同基因型或同一基因型的不同毒株之间都存在差异。C区两侧各有一个可变区，分别称为VL（或V1，38~48kb）和VR（或V2，13~22kb），含有5个多基因家族（MGF），包括假定膜蛋白、分泌性蛋白、核酸代谢酶、核苷酸代谢酶以及蛋白修饰酶。每个多基因家族都可发生缺失、增加、分化等变异，这在不同毒株之间差异很大，与病毒抗原变异、逃避宿主防御系统的机制有关。基因组的两端为共价闭合环状结构，均含有长度为2.1~2.5kb的颠倒重复序列（TIR）。末端碱基交互连接，组成发夹环，且有末端倒置重组序列，能合成6~14个sRNA的转录物。基因组长度的多样性是ASFV的显著特点之一，这种长度多样性不仅表现在不同来源的病毒分离株之间，而且表现在同一来源不同培养代次的病毒株之间。其主要原因是由于该病毒基因组可随意丢失或获得重复序列。

第三节　流行病学

　　动物传染病的传播必须具备 3 个环节：传染源、传播途径和易感动物，这 3 个环节是构成传染病在动物群中发生和流行的生物学基础。对于 ASF 的流行病学，从各个国家的疾病防控经验中已经有所了解。ASFV 主要通过与感染动物或污染物接触、摄入污染的猪肉或猪肉制品，以及软蜱的叮咬来感染并扩散。ASFV 的传播和持续存在各个地区也不是完全相同的，如在撒哈拉以南非洲，ASF 具有地方性，而且通过一个涉及家猪、非洲丛林猪、荒漠疣猪和钝缘软蜱的感染链条在循环；在高加索区域、东欧和波罗的海国家，ASF 在家猪和欧洲野猪之间循环，并引起相似的临床症状和死亡。另外，对一些流行病学具体细节的把握，如病毒通过环境和污染饲料感染时的最低感染剂量，感染野猪与家猪接触时病毒传染的有效性如何，感染后的康复猪作为一个病毒携带者或储藏器来传播病毒的潜力，病毒在野猪群里持续存在的潜力，以及人类作为传播病毒媒介扩散病毒的影响等等，也是我们优化现有干预措施和出台新的工具和防控策略来减少 ASFV 传播的重要依据。

一、宿主

1. 野猪

　　非洲疣猪属于猪科疣猪属，广泛分布于非洲撒哈拉以南地区。疣猪被认为是 ASFV 的原始宿主，它与钝缘蜱一起构成了丛林传播循环。在非洲，疣猪的广泛分布，以及它易与家猪和钝缘软蜱接触的生态学特征，使它成为最重要的 ASFV 宿主。在洞穴中，哺乳疣猪通过钝缘软蜱的叮咬而被感染，之后在病毒血症期间通过被叮咬可以感染其他 ASFV 阴性的蜱虫。病毒血症通常为 2～3 周，随后病毒持续存在于淋巴结中。幼年疣猪感染后恢复正常，无任何临床症状。非洲丛林猪和非洲红河猪属于猪科非洲野猪属，分布于非洲西部和中部。丛林猪和红河野猪在 ASF 流行过程中所扮演的角色还没有完全被证实。ASFV 可以在丛林猪体内复制，在一些案例中也可以传播给家猪和软蜱，但传播的机制还没有确认。丛林猪在非洲的东部、中部、南部和马达加斯加岛生活，但它并不是 ASFV 的重要宿主，可能与它们夜间活动的习惯、猪群密度低和不使用地穴居住有关。非洲巨林猪属于猪科巨林猪属，仅分布于非洲中部海拔 3750 米的高山林地。也有报道称巨林猪可以偶尔感染 ASFV，但它们在 ASF 流行病学中的作用是微乎其微的。在欧洲，野猪和家猪对 ASFV 有相似的易感性。在伊比利亚半岛、撒丁岛、古巴、毛里求斯和俄罗斯都有野猪感染的案例。ASF 在野猪群中暴发并消失后，通过直接接触感染的家猪、污染物或摄入被感染的尸体而再次感染，这是维持 ASFV 在野猪群中不断循环的前提。

2. 家猪

家猪对 ASF 高度易感。根据感染毒株的毒力不同，病程从特急性到亚临床感染不等。亚临床感染，慢性感染或者临床康复的猪群在 ASF 的流行过程中扮演了一个非常重要的角色。虽然目前没有证据表明感染猪只能终生带毒，但它能够把 ASFV 通过直接接触或间接的软蜱叮咬或摄入污染的肉/肉制品传播给易感猪只。当 ASF 到达一个新的区域或猪群时，通常伴随着猪只的高死亡率和快速扩散暴发。然而在已经发病的区域，低死亡率和亚临床/慢性感染变得越来越普遍。在非洲和伊比利亚半岛，ASF 的亚临床感染比较常见，这是由于当地低毒力 ASFV 的流行和减毒活疫苗的使用所导致的，也有研究声称是当地培育出对 ASFV 不易感的猪只，然而抗病毒的生物学特性不能够在猪只上遗传。

3. 软蜱

蜱属于节肢动物门，分为 3 个科，即硬蜱科、软蜱科和纳蜱科，前两者较为常见且危害较大，在 ASFV 传播中发挥重要作用的蜱属于软蜱科中的钝缘蜱属。蜱虫体卵圆形或长卵圆形，背面稍隆起，未吸血时腹背扁平，成虫体长 2~10 毫米；饱血后胀大如赤豆或蓖麻子状，大者可长达 30 毫米。未吸血前为黄灰色，吸饱血后为灰黑色，表皮革质，成虫在躯体背面没有壳质化盾板。软蜱寿命长，一般为 6~7 年，甚至可达 15~25 年，软蜱各活跃期均能长期耐饿，从 5~7 年不等，有的甚至可以长达 15 年。

二、传播循环

ASFV 的传播主要有丛林传播循环、蜱—猪循环、家猪循环和野猪-栖息地循环 4 种方式。

1. 丛林传播循环

丛林传播循环在非洲的南部和东部都有很好的记载，它涉及 ASFV 的天然宿主疣猪和蜱虫。哺乳疣猪在洞穴中被软蜱感染，在短暂的病毒血症期间，蜱虫通过吸血而感染 ASFV。疣猪在之后的生活中处于 ASFV 的潜伏感染，并不表现任何的临床症状，疣猪之间的水平传播和垂直传播能力较弱，主要依靠软蜱来实现病毒的循环。蜱虫一次吸血进食感染 ASFV 后，病毒可在其体内保持感染性长达 15 个月，这就为感染下一批分娩的幼年疣猪提供了条件。在有疣猪和软蜱的区域，野猪的感染率非常高，但两者的存在并不意味着丛林传播循环就一定存在。例如，在非洲西部，野猪和软蜱同时存在，但很少发现两者是携带 ASFV。

2. 蜱—猪循环

蜱虫通过吸吮有病毒血症的动物后所携带的感染性病毒可达数月或数年之久。

3. 家猪循环

生猪贸易或转运，生物安全措施的缺失，是 ASF 在地方扩散的主要原因。一些临床研究证实了 ASF 在猪场暴发的风险因素，包括：自由放养、猪场之前发生过 ASF、有感染的猪只或屠宰场在猪场附近、生猪转运和人员拜访。在俄罗斯，空间回归分析发现，路面交通、水源和家猪的密度与 ASF 的暴发具有相关性，而空间扩展模型发现感染动物的转运是 ASF 扩散的最主要风险因素。在怀疑 ASF 暴发，而尚未清楚猪群临床症状时，紧急售卖猪只的行为会加剧疾病的扩散。

一旦 ASFV 进入家猪群，它可以在地方、区域甚至国家的水平上通过直接接触或与污染物接触来传播。ASFV 对外界抵抗力非常强：能够在 pH 值为 4 ~ 10 的范围内保持稳定，60℃ 20 分钟才能灭活。烟熏香肠和自然晾干的火腿要求在 32~49℃烟熏 12 小时，随后 25 ~ 30 天的干燥才能消灭病毒。ASFV 也能在环境中持续存在数天，所以污染的衣物、靴子、设备、车辆都可能成为传播病毒的载体。感染猪只的分泌物和排泄物都有可能含有病毒，而且 ASFV 可以在血液和组织中长期保持活力。所以 ASFV 在猪肉制品中，如在熏制的火腿，数月内仍然保持感染性，猪只接触处理不当的尸体、冷冻、没有充分煮熟的猪肉或熏蒸的猪肉产品都可能是 ASFV 感染的风险。

4. 野猪-栖息地循环

野猪-栖息地循环包括野猪与感染野猪之间的直接传播，以及污染的栖息地与野猪之间的间接传播。栖息地的污染包括感染野猪或家猪尸体、以尸体为食动物之间的相互扩散、猪场人员/猎人不合理的丢弃感染动物尸体等多种方式，这个污染根据地形、时间、季节和尸体腐化程度不同而使得高病毒载量和低病毒载量的 ASFV 感染同时存在。

三、易感动物

猪科的所有成员均对 ASFV 感染易感，包括家猪、欧洲野猪、疣猪、丛林猪和巨林猪。其中，疣猪和丛林猪感染后无临床症状，通常被认为是病毒的一个储藏器。

四、病毒的感染动态

ASF 潜伏期根据传播方式的不同而不同，通常在 4~19 天。病毒感染 48 小时后才会出现临床症状，但在这前 48 小时内，血液、分泌物和排泄物中已有大量病毒，所以说 ASF 在潜伏期是最具有传染性的。抗体转阳一般发生在感染后的 7~9 天，感染的猪只终生都可以检测到抗体。

在预防 ASF 时要时刻注意任何一点临床症状，如发烧，即便只有个别猪只有轻微的体温上升。周期性的临床检查和严格的生物安全措施的实施是防控 ASF 的必要手段。

第四节 致病机理

ASFV 感染猪只后，能够造成严重的病理损伤，包括高热、多脏器的出血、充血性脾肿大、肺脏水肿、白细胞减少症、血小板减少症等。其致病机制是病毒和宿主细胞相互作用，进而产生一系列的病理反应导致的。

一、病毒感染规律和细胞嗜性

ASFV 能够通过呼吸道、消化道以及肌肉等多种途径感染猪只，并首先在扁桃体、下颌淋巴结或其他局部淋巴结中复制（感染后 8~24 小时），之后病毒随血液或淋巴液扩散，形成病毒血症，并前往其他二级器官复制（2~3 点/英寸，1 英寸为 2.54 厘米，全书同），在肝脏、肺脏、骨髓、肾脏、肠道中都能检出病毒的存在。ASFV 感染初期的主要靶细胞是存在于组织中的单核细胞/巨噬细胞，病毒在其中复制并随之扩散到其他组织器官；随后病毒开始大量感染其他类型的细胞（5~8 点/英寸），已确定的细胞种类包括：肝细胞、肝肾毛细血管内皮细胞、扁桃体上皮细胞、纤维母细胞、网状细胞、平滑肌细胞、血管外周细胞、肾小球系膜细胞、巨核细胞、淋巴细胞、嗜中性粒细胞等。

虽然 ASF 能够感染多种类型细胞，但是其感染复制的关键场所是单核/巨噬细胞系统。ASFV 通过巨胞饮或网蛋白介导的内吞作用入侵巨噬细胞，开始病毒的复制增殖；同时病毒对于单核/巨噬细胞的调节功能最强，表现为：一是巨噬细胞增殖，数量增多；二是吞噬功能激活，内溶酶体和细胞碎片增多；

三是巨噬细胞分泌细胞因子（TNF-α、IL-1β）的能力增加。巨噬细胞的激活导致随后一系列的病理损伤。感染的中后期，ASFV 开始感染内皮细胞、基质细胞等其他种类细胞，进一步加重组织损伤。

二、病毒造成的病理损伤

ASF 造成的病变以多脏器的出血为典型特征，曾经认为 ASFV 对血管内皮细胞的感染和破坏是造成病变的主要因素，但是随后的研究表明，典型的出血症状出现在内皮细胞感染前，因此 ASFV 造成的急性病理损伤主要是由单核/巨噬细胞导致的。

1. 出血性病变

病毒感染单核/巨噬细胞后，会激活上调细胞功能，使得巨噬细胞数量增加，吞噬能力增强，分泌细胞因子（TNF-α、IL-1β 和 IL-6）水平上升。数量和功能增多的巨噬细胞首先出现在淋巴结，进而到脾脏，随后在全身各个组织器官出现（1~2 点/英寸）。单核/巨噬细胞功能的增强，会导致不同器官/组织血管内皮细胞吞噬功能的激活（表现为内皮细胞溶酶体增加，积累大量的细胞碎片），导致内皮细胞肥大，某些血管腔闭塞，血管内压力增大，进而破坏血管壁完整性；血液中的红细胞会进入毛细血管外间质，导致出血；同时当血小板和毛细血管基底膜接触后，会激活凝血系统，使机体产生弥散性血管内凝血的现象 DIC。低毒力的 ASFV 毒株对毛细血管内皮细胞的损伤较轻，主要造成毛细血管的扩张和渗透率增加，使得血细胞大量渗出至毛细血管外间质，造成出血水肿。

2. 脾脏充血性肿大

ASFV 在淋巴结复制扩散后，首先进入脾脏。脾脏红髓的边缘区和富含毛细血管的区域是病毒复制的主要区域。脾脏红髓中存在大量的平滑肌细胞和纤维，外层围绕脾索巨噬细胞。当 ASF 在该巨噬细胞中复制后，造成该类细胞脱离、消失，而平滑肌细胞直接与血液中凝血因子接触，使血小板激活聚集，激发凝血系统，使纤维蛋白沉积；红细胞随后在脾脏中的大量蓄积，影响了血液供氧功能，进而导致大量的淋巴细胞死亡，表现为淋巴细胞耗竭。脾脏由于大量充血呈现严重的肿大，可达正常大小的 6 倍以上。低毒力毒株感染病变较轻，仅表现为脾脏质地坚实。

3. 肺脏水肿

ASFV 的感染同样导致严重的肺脏水肿。肺脏血管巨噬细胞 PIM 是 ASF 的主要感染对象。病毒的感染复制会使 PIM 激活，分泌功能增强，分泌大量的趋化因子和促炎性细胞因子，导致血管压力增大，内皮细胞的通透性增强，肺泡上皮细胞和毛细血管分离，形成肺泡水肿。大体病变体现为肺脏的水肿，并在呼吸道内可见大量的泡沫。

4. 白细胞减少症

ASFV 感染后会导致严重的白细胞减少症。目前研究认为，病毒感染单核/巨噬细胞后，能够产生大量的单核因子，从而诱导淋巴细胞的凋亡是白细胞减少症的最主要因素；感染的后期，由于血管损伤和 DIC 导致的缺氧加重了淋巴细胞减少症。

三、病毒控制细胞凋亡

ASFV 能够选择性的对宿主细胞通路进行调节-促进或抑制细胞的凋亡/死亡，满足自身复制生存的需求，同时抑制宿主自身的抗病毒防御基质。当宿主细胞受到病毒感染后，会保护性地启动凋亡基质，使细胞死亡从而防止病毒的复制，但 ASFV 的感染会抑制这种程序性死亡的发生。目前已知至少有 3 种蛋白-A179L、A224、EP153R 能够抑制宿主细胞的凋亡。以上 3 种蛋白能够广泛的作用于细胞中抑制凋亡的信号通路；此外，宿主细胞感知异常信号存在时，会使真核翻译起始因子 eIF2 磷酸化，关闭蛋白合成系统，而 ASFV 表达的 DP71L 则能招募宿主蛋白磷酸酶 PP1 对其进行去磷酸化，使得细胞不能关闭蛋白合成，促进病毒在细胞内的大量复制（Zhang 等，2010）。当病毒完成复制后，ASFV 则可以通过 E183L 等蛋白，激活细胞的凋亡信号通路，促进细胞裂解，同时能够招募其靶细胞——单核/巨噬细胞，便于进一步的感染复制。

第五节 诊断检测

ASF 的准确、快速诊断对于防止 ASF 蔓延、快速扑灭和根除尤其重要。ASFV 自然感染的潜伏期为 4~19 天，感染后 7~10 天可检测到抗体。一个地区或猪场首次暴发 ASF 时呈最急性、急性感染临床症状，感染猪只表现为急性出血、死亡，由于首次暴发时发病猪只在抗体出现前就已经死亡，此时首选抗原检测方法。随着病毒循环和扩散，其毒力会下降，感染猪只表现为亚急性和慢性感染临床症状，此时抗体检测更适用于疫情的监测和 ASF 根除计划。

一、临床诊断

ASF 的临床症状和许多其他猪的疾病很相似，特别是猪瘟、猪丹毒和猪高致病性蓝耳病等。鉴别诊断依靠病原学或血清学诊断。ASFV 感染后，发病率一般在 40%~85%，死亡率由 ASFV 毒株的毒力决定。高致病性毒株死亡率可高达 90%~100%；中致病性毒株在成年动物能引起 20%~40% 的死亡率，在幼年动物中引起 70%~80% 的死亡率；低致病性毒株能够造成 10%~30% 的死亡率。特急性型 ASF 表现为突然死亡，临床症状不明显。急性症状表现为食欲减退、发热（40~42℃）、肺水肿、淋巴组织广泛坏死和出血、皮下出血和高死亡率。亚急性或慢性感染有时可能会出现鼻出血、便秘、呕吐、出血性腹泻。在四肢、耳、胸部、腹部和会阴部位出现不规则的出血斑，这些症状在感染中等致病毒株的猪中较为明显。怀孕母猪常发生流产。全身脏器出血、坏死是 ASF 的主要临床表现，具体表现为皮下出血，淋巴结广泛出血和坏死，严重时呈黑色。肺水肿。脾脏肿大、质软变脆，肾脏、肠系膜和浆膜出血。

二、病原学诊断

病原学诊断依赖于活病毒、抗原、基因组的检测，包括病毒分离、抗原 ELISA、荧光抗体检测（FAT）、PCR 和等温扩增分析等方法。目前实时荧光定量 qPCR 使用最为广泛，对 ASFV 诊断具有很高的灵敏性和特异性。ASFV 主要在网状内皮系统的细胞内复制。可采集的临床样品包括抗凝血（EDTA）、脾脏、肝脏、淋巴结和扁桃体。若需病毒分离，样品运送过程中需保持低温冷藏，不能冷冻。

1. 病毒分离

ASFV 可以从血液、脾脏、肝脏、淋巴结和扁桃体等组织中分离。红细胞吸附（HAD）实验可用于 ASFV 检测。但是后来发现部分 ASFV 毒株呈现 HAD 阴性。

2. 荧光抗体检测（FAT）

用疑似感染 ASF 的猪组织制作涂片或冰冻切片，内源性的抗原可与特异性的 AFSV 荧光抗体结合，显微镜直接观察结果。优点是快速、特异高，对于急性病例的诊断灵敏度较高，但对亚急性或慢性 AFS，由于自身抗体会阻断荧光抗体与抗原的结合，容易出现假阴性结果。

3. 抗原 ELISA

病毒抗原也可用 ELISA 检测，但只推荐在急性病例时使用，灵敏度没有 PCR 检测方法高。分子诊断技术目前 qPCR 被认为是 ASFV 基因检测的金标准，被用在 OIE 所有的区域性参考实验室。血液、血清和组织样本都可用于 qPCR 检测。优点是快速、敏感性和特异性都很高。能够检测出所有 ASFV 毒株（23 个基因型），甚至因保存不当而降解的样本也可用于检测。但容易因交叉污染出现假阳性的结果，此外，因 PCR 抑制物及核酸降解出现的假阴性也应该注意。King 首次报道 TaqMan 探针荧光定量 PCR 检测方法，该方法在 OIE 推荐方法，引物针对 VP72 保守区域，有很高的特异性和灵敏度，针对 25 种 ASFV 毒株和 16 种非洲及欧洲的软蜱 ASFV 毒株，灵敏度达到 10~100 个核酸分子。

三、血清学诊断

猪感染 ASFV 后 7~10 天可出现抗体，抗体可以持续很长时间，由于目前没有 ASF 疫苗可用，因此抗体检测可作为感染 ASFV 的诊断依据，尤其是针对亚急性和慢性 ASF，适合大规模抗体筛查。在 ASF 根除计划中有很重要的作用。ASFV 编码多种蛋白，具有诊断意义的蛋白主要有 p72，p54，p30（p32）和 p62 蛋白。常用抗体检测方法主要有 ELISA，间接免疫荧光实验（IIF）、对流免疫电泳（IEOP）和免疫印迹（IB）等。

四、病理学诊断

全身多个脏器淤血、出血、坏死是 ASF 的主要临床表现。

第六节　疫苗

一、灭活疫苗

无论是细胞培养的 ASFV，还是利用感染 ASFV 的猪组织制备的灭活疫苗，接种猪后虽然能够产生高效价的抗体，但不具有有效的保护。免疫猪血清中的抗体只能降低病毒滴度，并不能完全中和病毒。即使是耐过猪的血清也不能中和 ASFV。

二、弱毒疫苗

研究证实 ASFV 经过多次传代后可以致弱，致弱毒株免疫猪仅对同源强毒株产生一定免疫保护。但是随着传代次数增加，在致病力下降的同时，免疫原性也随之下降。人们对 ASFV 感染与免疫、ASFV 毒株变异程度及 ASFV 蛋白（保护性抗原）诱导免疫保护的作用等方面认识的局限，极大阻碍了疫苗的研究进展。即使保护性抗原的确定、当前流行毒株种类得到确认，交叉保护得到突破研制出有效的疫苗，如何区别免疫猪和感染猪也是一个很重要的问题。安全性和有效性往往是一个对立的问题，ASFV 弱毒疫苗接种后能够导致慢性的 ASF 感染。

三、基因缺失疫苗

理论上相对于传统致弱疫苗，基因缺失疫苗在提高安全性和有效性方面有较大优势，然而，基因缺失致弱毒株的免疫效果也可能具有毒株依赖性。

四、亚单位疫苗

研究发现 ASFV 中和抗体针对 p30、p54 和 p72 3 个病毒蛋白。同时接种 p30、p54 只能提供约 50%的保护。Neilan 等证实 p30、p54 和 p72 同时免疫后不能提供免疫保护。

第七节　生物安全措施

目前，还没有安全有效的 ASF 疫苗来防控疾病。因此，通过严格的生物安全措施来避免猪只与 ASFV 的接触是当前防控 ASF 的有效手段。不同猪场的生物安全标准和生产水平有很大差异，所以预防 ASF 感染的生物安全措施应该考虑疾病的流行病学特征（特别是病毒对环境的抵抗力），传播途径和当地猪场的特征等多方面的因素。

一、提高场内所有人员防控非洲猪瘟（ASF）的生物安全意识

1. 所有员工必须接受生物安全培训学习

一个生物安全方案的具体执行需要猪场的工作人员首先必须了解猪场的生产体系，并清楚疾病以及疾病的传播途径等知识，在理解所制定的生物安全方案后才能正确、严格的实施。所以在实施任何生物安全方案前，猪场应设置生物安全专职经理，制订猪场内部详细的预防 ASF 生物安全培训学习计划，系统的培训所有员工。

2. 通过政府发布的防控政策来进一步完善生物安全措施

除了猪场的生物安全培训学习外，要时刻关注国家的法律法规和预防 ASF

政策，由生物安全专职经理负责引进与 ASF 相关的法律法规培训内容，制订相关的培训计划并有序实施。

3. 定期对员工的生物安全培训效果和实施效果进行评估

生物安全措施只有正确、严格地实施后才能降低疾病传播的风险。在猪场员工清楚所制定的措施后，能不能正确去落实才是最关键的一步。猪场生物安全经理负责建立有效的培训学习评估体系，包括集中培训的效果评估和现场评估，通过严格的内部审核和评估确保所有员工可以正确实施防控 ASF 的生物安全措施。

二、禁止从疫区引入新的后备种猪、精液、卵细胞或胚胎等

1. 识别疫区，明确后备种源供应场的健康状况

（1）在没有特殊情况下，猪场尽量封群，减少引种频率。

（2）供应场的数量要尽可能的单一，而且在引种前猪群的健康状态应该仔细地评估，确保猪群健康并且供应场不在疫区。

（3）在引种过程中，为了减少病原扩散的风险，应该集中精力来管理猪只的运输和猪场的出猪台区域的生物安全措施。

2. 引种后在场外隔离舍进行隔离措施

（1）猪群物理隔离的目的是减少易感动物直接与感染猪只接触的机会。

（2）根据猪场的生产体系，尽量设定一个远离猪场的场外隔离舍（大于 1 千米），同时这个隔离舍也应适当的远离其他猪场、屠宰场、猪肉加工厂、生猪交易市场和繁忙的公路。

（3）引种的猪群应该至少隔离 30 天，在隔离期间也应该密切关注猪群的健康状态。临床评估是早期发现 ASF 有效的工具，但也要结合血清学和病毒学的监测来排除其他病原的干扰（OIE，2016）。

3. 禁止隔离后临床上不健康的猪只进群

在隔离驯化期间出现临床上不健康猪只，或出现死亡时，整个隔离猪群应该在确定具体原因后再决定进不进场。

三、所有进出猪场的车辆要严格遵守车辆的清洗、消毒和干燥程序

1. 车辆运输是传播疾病的主要风险

（1）车辆可以运输猪只到猪场、交易市场/屠宰场，也有运输饲料和死猪的，这都是传播疾病的一个主要风险。

（2）与猪场发生联系的所有车辆都应该纳入到传播疾病的范围内。如猪场内部车辆（包括内部人员转运车辆，饲料、猪只转运车辆等），外部车辆（包括外部饲料车，猪只转运车辆和员工自有车辆等）。

（3）禁止出入畜禽养殖场、屠宰场、集贸市场等的未经消毒干燥车辆或人员靠近猪场。

2. 建立严格的车辆清洗消毒体系

（1）运输猪只的车辆应该在每次运输完成后立即清洁消毒。根据猪场内外分离的原则，建立至少两个独立的清洗消毒中心：内部洗消中心专门用于本猪场体系内部猪场之间饲料、猪只转运车辆和本体系员工车辆使用，外部洗消中心专供外部饲料、猪只转运车辆以及外部人员车辆使用。

（2）车辆有效洗消程序包括五步：除去杂物、泡沫浸泡、冲洗、消毒和干燥程序。

①去除杂物：去除卡车上所有的垫料、粪便和其他杂物。

②泡沫浸泡：生物膜是由微生物分泌的黏液形成的结构，为细菌和病毒提供了保护。由于消毒剂不能有效的穿透生物膜，在消毒步骤前应该用碱性洗涤剂（去除脂肪和油性生物膜）或酸性洗涤剂（去除矿物质生物膜）均匀喷洒到卡车表面，浸泡30分钟。

③冲洗：所有表面进行高压热水冲洗，水温不超过60℃即可。

④消毒：消毒之前确保卡车处于一个没有残留水分的状态，否则残余的水分会对之后使用浓度的消毒剂有稀释的作用，起不到有效的消毒。室温条件下消毒剂的作用时间通常为30分钟，随着温度的降低，消毒时间应适当延长。最好将消毒剂泡沫化，使其更好地附着在物体表面起到有效消毒的作用。

⑤干燥：干燥是去除病原微生物过程中非常关键的一个步骤，可以在最大程度上保证微生物被杀死，通常的自然晾干并不是有效的干燥，应配合辅助加热器的使用。

（3）在洗消结束后采集车辆有关部位的检测样本，进行相关细菌/病毒的病原监测，评估车辆清洗，消毒和干燥的效果。

（4）需要采集的部位包括：驾驶室脚踏板、方向盘、车厢第一层底部左上角、车厢第一层底部右下角、车厢第二层底部右上角、车厢第二层底部左下角、车厢挡板。

3. 车辆运输原则

（1）规划好车辆的运输路线，避免车辆经过疾病威胁区和养殖高密度区域，减少在路上的停留时间，不与其他的动物运输车辆交叉。

（2）按照运输猪只的健康状况排列运输次序，从高健康状况到低健康状况，从低密度区到高密度区，从产房到保育育肥。

（3）训练有素的司机和生产人员，卡车司机在装卸猪只过程中不离开驾驶舱。如果司机要离开驾驶舱，那就要严格遵循猪场的生物安全措施。卸猪人员也应该十分小心来自卡车的污染，可以通过建立一个出猪台区域的净区和脏区体系来划分卡车/卡车司机与本场猪只和人员之间的界限。

（4）建立猪场固定/临时公共转猪中心，猪只出入的运输管理，包括卡车、出猪台、卡车司机等实施流程管理，禁止外部运输猪只车辆（特别是进出屠宰场车辆）靠近猪场，目的在于最大限度地降低外部运猪车辆对猪群健康的生物安全风险。

四、禁止疫区物品入场，特别是生肉和肉制品

1. 评估和识别来自敏感区域的物品，包括饲料、垫料、生产工具等

ASFV 对外界抵抗力非常强：能够在 pH 值为 4 ~ 10 的范围内保持稳定，60℃ 20 分钟才能灭活。烟熏香肠和自然晾干的火腿要求在 32 ~ 49℃ 烟熏 12 小时，随后 25 ~ 30 天的干燥才能消灭 ASFV，所以进入猪场的物品要格外谨慎，确保不是来自其他畜禽养殖场、ASF 疫区、屠宰场、集贸市场和病原微生物实验室等的敏感区域。

2. 物品进入猪场程序（所有生肉和肉制品严禁进场）

（1）所有的生肉或肉制品禁止带入猪场，非本场人员携带的物品禁止带入猪场。

（2）所有物品须去除包装，仅保留最小包装彻底消毒后方能入场。

（3）食品和易耗品需经过臭氧熏蒸消毒至少 30 分钟后进入生活区。

（4）饲料入库后密闭熏蒸消毒至少 2 小时后进入生产区；直接传送到料塔的饲料在饲料厂用酸化剂做好消毒工作。

（5）生物制品禁止加热消毒，入场前采用多层包装，经过一道入口，去除一道包装，保留最小包装后，采用 75% 酒精擦拭彻底消毒后进场。

3. 禁止使用来自敏感区域的物料包括新鲜饲料原料及其制品，垫料原料，兽药，生物制品，生产工具等

（1）猪场使用的垫料或沙子等物资的处理和储存时间至少是 30 天（远离野猪），否则禁止使用。

（2）原则上禁止使用垫料，除非已经做过灭活 ASFV 的处理并且至少已经储存 90 天以上。

（3）禁止猪场与猪场之间交换垫料和饲料以及其他物品和生产工具。

五、猪场实施封场措施，严格限制人员进出猪场

1. 最大限度减少外部人员拜访次数，没有特殊许可，禁止非本场人员入场

（1）外来人员禁止入场，如果必须入场时，须在场外指定区域隔离一定时间后，由猪场兽医主管/场长书面授权许可后，方准入场。

（2）建立入场人员登记制度，确定外来人员是否来自敏感区域。

（3）外来人员携带物品包括衣物鞋帽禁止进入场区，使用一次性包装袋包装后在场区入口处隔离消毒室消毒处理。

2. 本场人员入场必须严格遵循隔离和丹麦式入场配合淋浴程序

（1）建立本场人员入场登记，开包检查制度和丹麦式入场配合淋浴程序。

（2）本场人员入场前在指定区域须达到最低隔离时间后方准入场，出入敏感区域的本场人员在指定区域达到最长隔离时间后方准入场。

（3）建立猪场入口，生产区入口两次丹麦式入场配合淋浴程序，所有进入猪场/生产区的人员必须通过丹麦式入场和彻底淋浴后换上猪场内部清洗消毒的衣物鞋帽方准进入猪场。

3. 猪场人员禁止接触来自畜禽养殖场、屠宰场、集贸市场等的人员和物品

（1）人员在入场前，包括本场工作人员，都不应该在近期接触过其他猪只、屠宰场、集贸市场等人员和物品，如果有接触的话，不应该入场。

（2）在小的猪场或养猪户，农主不应该拜访其他的猪舍，也不接受其他人员来自己的猪场参观。

六、禁止使用与泔水相关的任何饲料和/或其原料，以及污染的水源来饲喂猪

1. ASF 可以通过猪只摄入被污染的生猪肉/猪肉产品和水源进行传播

（1）用泔水饲喂猪是疾病（包括 ASF）进入猪群的一个高风险饲喂方式。多个 ASF 阴性区域疾病的发生就是用泔水饲喂导致的易感猪群感染 ASF。

（2）水源也可以通过死亡的猪只而携带 ASFV。

2. 禁止使用泔水或泔水配制的饲料和污染的水源喂养猪只

（1）禁止泔水饲喂猪只，与猪场工作人员沟通确保他们理解泔水饲喂的危害。

（2）猪场内部产生的餐厨垃圾和泔水严格限制在脏区特定区域，禁止进入养猪生产区并饲喂猪群，使用密封性容器装运餐厨垃圾和泔水运送到场外销

毁/无害化处理。

（3）与泔水接触的厨房人员应该禁止进入有猪区域，也不允许任何人员将食物带入到养猪生产区食用。

3. 定期评估饲料来源和水源的生物安全风险

（1）定期对饲料提供商进行饲料风险评估，内容包括饲料原料来源和贮存以及饲料生产贮存运输过程中的生物安全风险控制，禁止含有泔水的原料或者饲料，添加血浆蛋白的饲料进入猪场饲喂猪只。

（2）猪场水源应定期添加有效消毒剂进行消毒，一般使用漂白粉，添加量1毫克/千克有效氯，并周期性的从取水口，出水口采集水样进行猪场水源的理化指标，生化指标检测以评估水源的生物安全风险。

七、禁止猪场之间猪只、人员和物品的共用

1. 禁止猪场之间猪只、人员和物品的共用

ASFV 可以通过污染的卡车、衣服、靴子、设备等进行传播，所以猪场应该禁止猪场之间各种物品和人员的共用，包括猪场之间的猪群、人员、生产工具、兽药、疫苗、粪污和尸体处理设备等。所有接触猪只的设备、工具等应该在一个猪场专用，而且保持干净。

2. 禁止猪场内部高风险区和低风险区之间人员和物品的共用

猪场内部的高风险区包括隔离舍、粪污处理区、尸体处理区、出猪台、保育舍等，这些地方被病原感染或携带病原的概率要比产房、配怀舍等低风险区的高，所以高风险区的人员和物品禁止到低风险区活动和使用。

3. 在猪场之间必须共用时

（1）如果有些物品必须转到另外一个场或从高风险区转到低风险区使用，它们必须经过严格的清洁和消毒流程。

（2）有效的清洁消毒流程包括除去杂物、泡沫浸泡、冲洗、消毒和干燥程序，具体内容参照卡车清洁消毒部分。

（3）人员有相似的情况时，应按照猪场外部人员入场的生物安全措施实行。

八、制定场内消灭包括钝缘软蜱在内的有害生物的相关措施

1. 有害生物

指除了猪场饲养的猪只之外其他的生物，包括鸟类，蚊蝇，寄生虫（包括钝缘蜱）以及啮齿类动物。

（1）钝缘软蜱感染 ASFV 后能保持病毒的感染性达数月或数年之久，这为 ASFV 的持续感染提供了可能，它在吸取感染动物的血液之后，ASFV 可以在其体内存活数月甚至数年，这使得非洲猪瘟在一定的区域之内持续存在并且长期传播。

（2）螫蝇在实验室条件下也被证明可以有效地将 ASFV 传染给家猪。

2. 评估猪场区域是否存在钝缘软蜱，并制定相应的防控措施

（1）使用化学药品控制和消灭钝缘软蜱，如敌百虫、伊维菌素（害获灭）等。

（2）注意猪舍内部的蜱虫，有些蜱会生活在猪舍的墙壁、地面、饲槽裂缝内，为了消灭这些地方的蜱，应堵塞猪舍内所有的缝隙和小孔，堵塞前先向裂缝内撒杀蜱药物，然后以水泥、石灰、黄泥堵塞。

（3）定期清除猪场内杂草，消除虫蜱滋生环境，并且避免使用传统的猪舍结构（通常用木头和石头组成，钝缘蜱可以藏匿其中）。

3. 控制场内的鸟类，蚊蝇和啮齿动物

在条件许可猪场，可以设立防鸟网，防蝇网和防蚊网，并制订并实施场内灭鼠措施/程序。

九、按照国家规定进行无害化处理死亡猪只和粪污

1. 场内划分脏区和净区，避免死亡猪只污染净区

（1）ASFV 感染死亡猪只及其粪便中含有大量的病毒，所以在处理死亡猪只、粪污前应通知猪场相关兽医人员监管。

（2）死猪和粪污处理必须遵循单向流动原则，禁止脏区道路与净区道路交叉，禁止猪场之间共用。

（3）禁止出售，食用（包括其他动物食用）任何不明死亡原因的死猪。

2. 彻底合法合理的处理死亡猪只、解剖残留物和饲料残留物以及粪污

（1）运输死亡猪只的卡车是传播疾病的一个最主要风险，它不应该进入猪场，而是在猪场外面收集场内死亡猪只的尸体。

（2）司机也不应该进入猪场，而且要严格遵守猪场规定的生物安全措施。

（3）在受 ASF 影响的区域如果发现有家猪和野猪的死时，应立即通知政府部门做调查和检测来确定是否是 ASFV 感染所致。

（4）处理死亡猪只，猪粪污时，禁止污水洒落地面、污染环境。

（5）按照国家相关规定进行无害化处理，死猪和粪污，处理的方法必须与所在国的法律法规保持一致。

第八节　欧美地区非洲猪瘟防控措施

目前非洲猪瘟无有效疫苗，周期性的临床检查和严格的生物安全措施的实施是防控 ASF 的有效手段。但当生物安全未有效的落实，猪场发现有疑似 ASF 的情况下，应该严格按照当地政府部门的上报流程执行。中国动物疫病预防控制中心编写的《非洲猪瘟现场排查手册》详述了针对 ASF 各个部门的组织管理、疫情监测与报告、疫情相应、应急处置和保障措施等内容，要认真阅读，严格执行。欧洲是 ASF 影响较大的区域，ASF 疫情处置中，欧盟国家积累了较多的疾病防控和净化根除经验。南美洲巴西的净化经验也值得借鉴。

一、欧盟非洲猪瘟防控策略

欧盟国家主要通过遵循欧盟法规（92/119/EEC 和 2002/60/EC）中的措施对 ASF 进行监测、诊断、通报和处置。各成员国国内立法所执行的该指令主要条款为：

一旦怀疑非洲猪瘟，应立即向成员国的主管部门通报。

对可疑病猪强制限制运输。

在征得兽医的许可后方能进入可疑或感染猪场。

在确诊疾病暴发的地方，应在感染地周围强制划定保护区（疫区，半径不小于 3 000 米）和监测区（最小半径 10 000 米）。

通过淘汰阳性猪群或在严格控制下接种疫苗以根除非洲猪瘟。

对猪舍及其周围环境、运输车辆和其他所有可能受到污染的物品进行清洁和消毒。

在特殊的情况下，欧盟委员会可能同意进行紧急免疫接种计划。

对所有野猪进行监测。

二、西班牙非洲猪瘟根除策略

欧盟政府控制猪瘟的主要目标是根除 ASF，并尽快成为无非洲猪瘟疫病国家。西班牙 ASF 根除案例可作为欧洲根除 ASF 的典型案例。1985 年之前，西班牙控制 ASF 的方法主要是采取生物安全措施和淘汰阳性猪群。随后西班牙政府逐渐意识到防控方法的缺陷，于 1985 年颁布西班牙 ASF 根除计划。

关键措施如下：

流动兽医临床团队网络体系建设。

对所有猪场进行血清学监测。

提高饲养场及饲养设施的卫生水平。

剔除所有 ASF 暴发疫点，对所有的 ASFV 阳性猪群进行安乐死，消灭所有感染群。

严格控制猪群的移动。

在养猪业和大量社会力量的积极参与和配合下，西班牙境内在 2 年内 96% 的地区已经无 ASF 临床报道。在 1989 年，西班牙颁布法律将西班牙分为 2 个区域，包括 ASF 无疫血清监测区（2 年内无 ASF 暴发）和 ASF 感染区，感染区的活动物和新鲜猪肉不得进入无疫区，无疫区的活猪、鲜肉和特定猪肉制品可以进入欧盟其他国家进行贸易。到 1994 年时，西班牙境内已经无 ASF 暴发报道。1995 年 10 月西班牙正式对外宣布，ASF 根除计划胜利完成。

三、巴西非洲猪瘟根除策略

1978 年 ASF 疫情暴发后，巴西政府立刻启动了紧急预案并颁布了 ASF 根除计划。7 年后，巴西宣布 ASF 根除计划完成。所采取措施的主要内容如下：

立刻将 ASF 疫情信息通报周边国家，与巴西有双边动物卫生协议的国家，OIE 和其他国际组织，特别是 FAO、泛美卫生组织、泛美口蹄疫中心和美洲农业合作协会。

禁止感染区和风险区内猪只的自由移动。

对感染区内的所有猪只进行扑杀和焚化。

对污染的交通工具、建筑和物品进行彻底清洗和消毒。

停止展览、牲畜市场或一切动物会发生相互接触的活动。

禁止使用泔水饲喂。

进行动物卫生教育和培训以提高公众对紧急动物卫生活动的认识。

提高 ASF 疫苗生产技术，采用新的检测标准，进行古典猪瘟疫苗接种，加快非洲猪瘟和古典猪瘟的鉴别诊断。

对猪场的动物卫生援助给予奖励，对观察到的所有猪病进行通告。

巴西根除计划的成功归功于政府的快速果断处理和措施的有效执行，以及养猪业和大量社会力量的大力参与。

第八章 猪场设备操作与维护

第一节 计量及运输设备的操作及维护

一、猪场计量设备

1. 称猪电子磅

含秤架、显示仪表、传感器、接线盒（图 8-1）。

图 8-1 称猪电子磅

2. 地磅

标准配置主要由承重传力机构（秤体）、高精度称重传感器、称重显示仪表三大主件组成。电子地磅的安装位置应有良好的排水通道，安装的位置不能低于四周，否则会因地势低，下雨时造成积水，淹没地磅，损坏传感器。对于浅基坑更应设置排水通道。另外两端必须有足够长度的平直路供汽车上下秤台，两端直道要至少等于秤台长度（图8-2）。

图8-2　地磅

二、猪场运输设备

主要有仔猪转运车、饲料运输车和粪便运输车。

1. 断奶仔猪运输车

主要是用于猪场两点式饲养，在分娩舍新生仔猪断奶后通过仔猪运输车转到本场之内的育肥场进行育肥；或者用于猪场内运输猪苗的一种仔猪转运车的运输专用车。使用仔猪运输车，可以减少仔猪在转运、运输中，因为环境所造成的各种应激，尽可能地减少断奶仔猪在运输过程中可能所承受的压力和伤害，为仔猪提供了舒适的转运环境和待遇（图8-3）。

图8-3　仔猪运转车

2. 饲料运输车。散装饲料车，全称为散装饲料运输车
主要用于从饲料厂向猪场运输散装饲料成品或饲料生产原料（图8-4）。

图8-4　散装饲料车

3. 粪便运输车（图8-5）

图8-5　粪便运输车

第二节　喂料、饮水及消毒器具的操作及维护

一、喂料设备

1. 自动上料系统

在三相交流电动机的带动下，刮板式链条通过管道，将饲料从料罐挂到猪

舍。料线管道从猪只采食的食槽上面经过，在每一个食槽位置，留有一个三通下料口。饲料在链条的带动下，自动的流入食槽中。本系统可以应用到育肥猪舍、定位栏、母猪精确饲喂、种猪测定设备。自动上料系统可以自动将料罐中饲料输送到猪只采食料槽中，输料是按照时间控制，每天可以设置多个时间段供料，到设定开启时间三相交流电动机接通电源，带动刮板链条，开始输料。到设定关闭时间或输料期间传感器检测到饲料加满，切断三相交流电源，停止输料。自动上料系统可以实现全自动操作，降低工人的劳动强度，提高猪场的生产效率。

2. 母猪智能化饲喂系统

猪只佩戴电子耳标，由耳标读取设备进行读取，来判断猪只的身份，传输给计算机，同时由称重传感器传输给计算机该猪的体重，管理者设定该猪的怀孕日期及其他的基本信息，系统根据终端获取的数据（耳标号、体重）和计算机管理者设定的数据（怀孕日期）运算出该猪当天需要的进食量，然后把这个进食量分量分时间的传输给饲喂设备为该猪下料。同时系统获取猪群的其他信息来进行统计计算。为猪场管理者提供精确的数据进行公司运营分析。

二、饮水装置的操作和维护

自动饮水装置：通常双列式猪栏用直径25毫米的水管，在距地面（或猪床）30~50厘米的水管上安装自动饮水器。

自动饮水器的类型较多，目前常用的有鸭嘴式和乳头式两种。

1. 鸭嘴式饮水器

这种饮水器通过机体、阀杆、胶垫和加压的弹簧等构成。在它的作用之下，装在端口的胶垫会封住机体上面的用来出水的小孔。当猪在喝水的时候，只要去咬它的阀杆，使杆微微的倾斜，这样水就会经过胶垫的缝隙，沿着转嘴上尖的一角流到猪的嘴巴里，在喝完水之后，加压的弹簧又会使阀杆和胶垫变回原来的位置，重新把水孔封住，从而不会使水流得到处都是（图8-6）。

图8-6 鸭嘴式饮水器

2. 乳头式饮水器

结构简单，由壳体、顶杆和钢球三大件构成。猪饮水时，顶起顶杆，水从钢球、顶杆与壳体间隙流出至猪的口腔中；猪松嘴后，靠水压及钢球、顶杆的重力，钢球、顶杆落下与壳体密接，水停止流出。这种饮水器对泥沙等杂质有较强的通过能力，但密封性差，并要减压使用，否则，流水过急，不仅猪喝水困难，而且流水飞溅，浪费用水，弄湿猪栏。安装乳头式饮水器时，一般应使其与地面成45°~75°倾角，离地高度，仔猪为25~30厘米，生长猪（3~6月龄）为50~60厘米，成年猪75~85厘米。

三、消毒器具的操作和维护

1. 喷雾消毒冲洗设备

最常用的有地面冲洗喷雾消毒机。工作时，电动机启动活塞和隔膜往复运动，清水或药液先吸入泵室，然后被加压经喷枪排出。该机工作压力为15~20千克/厘米²，流量为20升/分钟，冲洗射程12~14米，是工厂化猪场较好的清洗设备（图8-7）。

2. 紫外线杀菌灯

紫外线杀菌灯具有强烈的杀菌作用，紫外线杀菌灯属于低压汞灯，外壳是石英玻璃管或透短波紫外线的玻璃管制成，内充低压的惰性气体和汞蒸汽，两端为金属冷电极或热灯丝电极，通过给两极加高压或有触发高压后由较低电压维持放电，起杀菌作用。

3. 火焰消毒器

火焰消毒器是一种以石油液化气或煤气作燃料产生强烈火焰，通过高温火焰来杀灭环境中的病菌、病毒、寄生虫等有害微生物的仪器（图8-8）。

图8-7　冲洗喷雾消毒机

图8-8　火焰消毒器

第三节 饲料加工设备的操作及维护

一、饲料粉碎机

饲料粉碎机主要用于粉碎各种饲料和各种粗饲料，饲料粉碎的目的是增加饲料表面积和调整粒度，增加表面积提高了适口性，且在消化道内易与消化液接触，有利于提高消化率，更好吸收饲料营养成分。调整粒度，一方面减少了咀嚼时耗用的能量，另一方面对输送、贮存、混合及制粒更为方便，效率和质量更好。

1. 种类

（1）对辊式。它是一种利用一对作相对旋转的圆柱体磨辊来锯切、研磨饲料的机械，具有生产率高、功率低、调节方便等优点，多用于小麦制粉业。在饲料加工行业，一般用于二次粉碎作业的第一道工序（图8-9）。

图8-9 对辊式

（2）锤片式。它是一种利用高速旋转的锤片来击碎饲料的机械。它具有结构简单、通用性强、生产率高和使用安全等特点（图8-10）。

图 8-10 锤片式

（3）齿爪式。它是一种利用高速旋转的齿爪来击碎饲料的机械，具有体积小、重量轻、产品粒度细、工作转速高等优点（图 8-11）。

图 8-11 齿爪式

2. 选购

根据生产能力选择，一般粉碎机的说明书和铭牌上，都载有粉碎机的确定生产能力（千克/小时），但应注意几点：

（1）所载额定生产能力，是指特定状态下的产量，如谷类饲料粉碎机，是指粉碎原料为玉米，其含水量为储存安全水分（约13%），筛片孔径直径为1.2毫米。因为玉米是常用的谷物饲料，直径1.2毫米孔径的筛片是常用的最小筛孔，此时生产能力小，这就考虑了生产中较普遍有较困难的状态。

（2）选定粉碎机的生产能力应略大于实际需要的生产能力，否则将加大锤片磨损、风道漏风等导致生产能力下降，影响饲料的连续生产供应。

根据粉碎原料选择，以粉碎谷物饲料为主的，可选择顶部进料的锤片式粉碎机；以粉碎糠麸谷麦类饲料为主的，可选择爪式粉碎机；如果要求通用性好，以粉碎谷物为主，并兼顾饼谷和秸秆，可选择切向进料锤片式粉碎机；粉碎贝壳等矿物饲料，可选用贝壳无筛式粉碎机；如果用作预混合饲料的前处理，要求产品粉碎的粒度很细又可根据需要进行调节的，应选用特种无筛式粉碎机等。

3. 操作注意事项

（1）粉碎机长期作业，应固定在水泥基础上。如果经常变动工作地点，粉碎机与电动机要安装在用角铁制作的机座上，如果粉碎机柴油作动力，应使两者功率匹配，即柴油机功率略大于粉碎机功率，并使两者的皮带轮槽一致，皮带轮外端面在同一平面上。

（2）粉碎机安装完后要检查各部紧固件的紧固情况，若有松动须予以拧紧。

（3）要检查皮带松紧度是否合适，电动机轴和粉碎机轴是否平行。

（4）粉碎机启动前，先用手转动转子，检查一下齿爪、锤片及转子运转是否灵活可靠，壳内有无碰撞现象，转子的旋向是否与机上箭头所指方向一致，电机与粉碎机润滑是否良好。

（5）不要随便更换皮带轮，以防转速过高使粉碎室产生爆炸，或转速太低影响工作效率。

（6）粉碎台启动后先空转2~3分钟，没有异常现象后再投料工作。

（7）工作中要随时注意粉碎机的运转情况，送料要均匀，以防阻塞闷车，不要长时间超负荷运转。若发现有振动、杂音、轴承与机体温度过高、向外喷料等现象，应立即停车检查，排除故障后方可继续工作。

（8）待粉碎的原料应仔细检查，以免铜、铁、石块等硬物进入粉碎室造成事故。

（9）送料时应站在粉碎机侧面，以防反弹杂物打伤面部。

4. 维修与保养

（1）及时检查清理。每天工作结束后，应及时清扫机器，检查各部位螺钉有无松动及齿爪、筛子等易损件的磨损情况。

（2）加注润滑脂。最常用的是在轴承上装配盖式油杯。一般情况下，只要每隔 2 小时将油杯盖旋转 1/4 圈，将杯内润滑脂压入轴承内即可。如是封闭式轴承，可每隔 300 小时加注 1 次润滑脂。经过长期使用，润滑脂如有变质，应将轴承清洗干净，换用新润滑脂。机器工作时，轴承升温不得超过 40℃，如在正常工作条件下，轴承温度继续增高，则应找出原因，设法排除故障。

（3）仔细清洗待粉碎的原料，严禁混有铜、铁、铅等金属零件及较大石块等杂物进入粉碎室内。

（4）不要随意提高粉碎机转速。一般允许与额定转速相差为 8%-10%。当粉碎机与较大动力机配套工作时，应注意控制流量，并使流量均匀，不可忽快忽慢。

（5）机器开动后，不准拆看或检查机器内部任何部位。各种工具不得随意乱放在机器上。当听到不正常声音时应立即停车，待机器停稳后方可进行检修。

5. 常见故障排除

（1）常见故障一。粉碎时工作无力、启动、通电等故障。

检修方案：这种情况一般可自行检修。首先检查电源插座、插头、电源线有无起氧脱落、断裂之处，若无则可插上电源试机，当电机通电不转动，用手轻拨动轮片又可转动时，即可断定是该机的两个启动电容中有一个容量失效所致。这种情况下一般只有换新品。

（2）常见故障二。通电不转动，施加外力能转动但电机内发出一种微弱的电流响声。

检修方案：这种情况一般是启动电容轻微漏电所致。若电流响声过大，电机根本不能启动，断定是启动电容短路所致（电机线圈短路则需专业修理）。在无专业仪器的情况下，可先取下电容（4UF/400V），将两引线分别插入电源的零线和火线插孔中给电容充电，然后取下将两引线短路放电。若此时能发出放电火花且有很响的"啪"声，说明该电容可以使用；若火花和响声微弱，说明电容的容量已经下降，需换新或再加一个小电容即可。若电容已经损坏短路就不能用此法，而且必须用同规格新品替换即可修复。

二、饲料混合机

1. 种类

卧式螺带混合机。

工作原理：无重力混合机卧式筒体内装有双轴旋转反向的桨叶，桨叶成一定角度将物料沿轴向、径向循环翻搅，使物料迅速混合均匀。卧式混合机性能特点是减速机带动轴的旋转速度与桨叶的结构会使物料重力减弱，随着重力的缺乏，各物料存在颗粒大小、比重悬殊的差异在混合过程中被忽略。激烈的搅拌运动缩短了一次混合的时间，更快速、更高效。即使物料有比重、粒径的差异，在交错布置的搅拌叶片快速剧烈的翻腾抛洒下，也能达到很好的混合效果。

卧式螺带混合机出料方式：粉体物料采用气动大开门结构形式，具有卸料快、无残余等优点；高细度物料或半流体物料采用手动蝶阀或者气动蝶阀，手动蝶阀经济适用，气动蝶阀对半流体的密封性好，但造价比手动蝶阀高。在需要加热或冷却的场合，可配置夹套。加热方式有电加热和导热油加热两种方式可选：电加热方便，但升温速度慢，能耗高；导热油加热需要配置油锅和导油动力、管道，投资较大，但升温速度快，能耗较低。冷却工艺可直接向夹套内注入冷却水，夹套换热面积大，冷却速度快。电机与搅拌主轴之间通过摆线针轮式减速机直联，结构简单，运行可靠度高，维护方便。

2. 选购要点

（1）根据每天生产量挑选螺旋混合机。因混合机每批物料加工时间约6分钟，加上出料及进料的时间，每批物料加工时间可按10分钟计，则1小时可以加工6批料。如选择每批加工量100千克的混合机，则每小时可加工600千克。用户可以根据自己的需要挑选卧式混合机。

（2）根据卧式螺旋带式混合机工作原理，用于搅拌混合的双螺旋带向相反方向推送物料的能力应是基本一致的。由于内螺旋带的螺距应小于外螺旋带，为达到推送物料的能力一致，内螺旋带的螺距应小于外螺旋带，而宽度应大于外螺旋带，否则会使物料向一个方向集中。因此，在选择卧式混合机时要注意这一点。

（3）按设计原理，螺旋带式混合机中螺旋带与壳体之间的间隙可以为4~10毫米，物料可以用摩擦力带动全部参加混合。但由于粉碎粒度及物料的摩擦系数不一样，因此会使各种组分的物料参加混合的时间不一样，造成产品的不均匀性。

3. 使用与维护

设备运转时，不得有大于5毫米的硬性异物进入机内，否则应停机排除。在运转中若发现有金属碰击、摩擦等异常声响，应及时停机检查排除。作固-液混合时应先运转，后喷液，喷液完毕后，继续运转混合3~5分钟即可。一次物料混合时间一般为5~8分钟。特殊物料混合时间需用户试验确定。混合物料的粒度为20~1 400目；喷液量可根据物料的吸附性能及用户的生产工艺要求而定。使用中应定期对减速器及轴承更换润滑油。减速器的润滑没牌号按减速器说明书要求进行。主轴轴承用复合锂基润滑脂。轴端密封采用填料密封。密封材料一般为油浸石棉，使用中若发现有少量渗漏应调紧填实箱盖压紧螺栓。

第四节　温控设备的操作及维护

猪场当前使用的主要降温设备有风机、水帘、喷雾、滴水、风扇等，保温设备有热风炉，地暖等。

一、降温设备

1. 湿帘风机系统的构成

整套系统由湿帘、风机、循环水路和控制装置组成。湿帘是由一种表面积较大的特种波纹蜂窝状纸质做成。负压风机通常是轴流风机，所需台数一般根据换气量来决定，目前许多新建猪场每栋猪舍安装3台，1台36寸（1寸约为3.33厘米，全书同）小风机，其通风量在每小时15 000立方米，2台50寸大风机，其每台每小时通风量为40 000立方米，配套的湿帘面积在1.9米×9.0米，水循环系统由水泵和输水管道组成，可以采用自来水或井水作为水源。而控制系统则主要由温度感应器和一些控制调节按钮等组成。

2. 工作原理

先由自动温控器的测温探头测得整个猪舍内的平均气温，再由温控器将测得的模拟值与预先设定的温度数据进行比较，从而做出接通或断开电源的动作。若接通电源，就会驱动负压风机的电机开始运转，随着温控器所测温度的进一步升高，将会启动更多的风机以及水泵，通过舍内外的空气压力差，让舍外的空气高速流过湿润的纸帘表面。由于水分的蒸发带走了空气的热量，使得进入猪舍内的空气温度低于湿帘风机外的空气温度。相反，如果温控器检测到的实时温度低于设定温度，则系统就会停止水泵的运转。

3. 湿帘风机降温系统的维护

做好湿帘的日常维护工作，有助于延长湿帘的使用寿命，最大限度地发挥湿帘的降温效果。日常维护需要做好以下工作。

（1）由于湿帘风机降温系统在猪舍内使用，环境相对恶劣，常处于高温、潮湿的条件下，因此自动温控器必须采用防水密封配电箱进行保护。注意设定温度时要确保所设定的工作温度应与能发挥猪群良好生产性能的最适环境温度相匹配。另外要注意分娩舍的温度设定，要同时考虑到哺乳仔猪和母猪对于环境温度的要求各不相同，设定温度时应以母猪的要求为准，以确保母猪始终处于最佳的生长和哺乳环境当中，而哺乳仔猪则可通过局部温度的调节来保持温度，用以满足其需求。

（2）手动运行时应注意工作程序。开机前首先要检查电源及温度设置是否正确，水源是否充足，先打开供水系统，再开启风机，注意关闭系统时要先停止供水系统，直到湿帘干燥后再关闭风机。

（3）冬季闲置不用时应将湿帘内外覆盖好，以防灰尘太多影响其下次使用，同时，下次使用前还应注意清洗水池、管道和过滤网，并做好消毒工作。

（4）循环水路上的过滤装置要经常进行清洗，除去杂质，以免影响供水以及降温的效果。

二、热风炉

1. 操作规程

（1）生火。将引火燃料准备就绪，检查鼓风机是否处于正常工作状态。将煤的下方摆放好大小长短适宜的木拌及旧棉纱等引火物，煤层厚度不准超过上炉门（不允许泼浇汽油、酒精等易挥发、易放毒物品）。关闭上炉门，打开下炉门，打开鼓风机且正常运行后，点燃炉内燃料。

（2）正常运行。司炉工密切注意舍内温度的变化，重点控制每一次给煤量；煤层厚度必须根据煤质量变化而调整。根据炉内燃烧情况，调整上、下炉门的打开位置。发现炉膛内煤炭燃烧时产生的焦炭，要及时清理。每隔一小时要进行一次清灰处理。每运行一周后进行一次烟道清灰，确保热风炉的换热效率。

（3）停炉操作。停止炉内供煤（长时间不启动的情况下）。加厚煤层压住火床，控制炉内煤炭燃烧（临时停炉时）。打开上炉门，关闭下炉门，根据炉膛内温度确定在最佳温度时停止鼓风机。在没有温控的情况下，压火暂停炉期间，司炉人员应按时观察炉体温度的变化，防止炉膛内温升过高而烧毁热风炉。停炉期间，换热室温度应低于50℃，超过此温度需运转鼓风机。

2. 紧急停炉

凡有下列情况之一时必须紧急停炉：

（1）换热系统发生严重开焊，致使烟气进入舍内时。

（2）鼓风机不能正常工作或突然停电时。

（3）燃烧设备严重损坏。如：炉膛煤毁或构架烧红等。

（4）其他异常情况且超过安全运行允许范围，涉及设备人身安全时。

紧急停炉的操作：

①迅速将炉膛内的全部燃料扒出，用水浇灭；或用湿炉灰压住炉火。

②打开所有炉门降温（必须在扒掉炉火的前提下）。

③如是突然停电，司炉工应查问清楚停电的原因和时间的长短，采取相应的处理方式。

④在紧急停炉时，司炉工应坚守岗位，密切观察炉膛温度及其系统的变化情况，以便采取应急得当的措施。

⑤紧急停炉过程中，不允许使炉膛冷却速度过急过快。以防止炉膛、烟道等，因冷却过快而造成损坏。

第九章　猪场经营管理

第一节　生产计划及规章制度建立

一、产品销售计划的制订

养猪场产品销售计划的制订，首先要了解市场，以避免给生产带来盲目性而造成不必要的损失。养猪场是生产鲜活商品的生产部门，猪是有生命的动物，养猪过程中，每天都要消耗一定量的饲料来维持其生理活动，因此，当猪养成后不能停留过长时间，应及时销售，以节约饲料和劳力，提高圈舍利用率，加快资金周转。这就要求猪场在制订产品销售计划时要了解市场，通过对市场的调查研究，了解产品销售市场的规模、特点和销量大小，自己生产的产品在不同市场的竞争能力，同行业生产的产品数量、质量、布局和竞争能力，做出符合实际的供求预测，为经营决策提供科学依据、了解市场，摸清市场需要的品种、规格、质量、数量以及市场前景、季节状况，使自己的产品能适时、适量地安排销售。同时还得考虑销售渠道，如外贸出口、农贸市场、产销挂钩、国营合同销售等销售方式。

养猪场的产品销售计划包括种猪推广、育肥仔猪和商品猪各月份的推广和销售量。这一计划的制订为产品生产计划的制订提供依据，也能对全年的销售收入做到心中有数，为成本核算打下基础。

二、产品生产计划的制订

产品生产计划的制订是依据产品销售计划上年的生产实际、本场猪群结构变化情况等诸多方面的条件，制订出切实可行的、经过努力能够实现的产品生产计划。主要内容是制订全年产品总量（包括猪只出栏头数和总增量）以及逐月分布情况。种猪场以提供种猪为主，商品猪场提供肉猪为主，以肉猪头数乘以每头出栏平均活重，计算出总产量。

1. 以某场为例

目前实际情况和现有生产水平，对年产 10 000 头肉猪生产线实行工厂化生产管理方式，采用先进饲养工艺和技术，其设计的生产性能参数选择为：平均每头母猪年生产 2.2 窝，提供 20.0 头肉猪，母猪利用期为三年。肉猪达 90~100 千克体重的日龄为 160 天左右（24 周）。肉猪屠宰率 75%，胴体瘦肉率 65%。

存栏猪结构标准

妊娠母猪数＝周配母猪数×15 周

临产母猪数＝周分娩母猪数×单元产栏数

哺乳母猪数＝周分娩母猪数×3 周

空怀断奶母猪数＝周断奶母猪数＋超期未配及妊检空怀母猪数（周断奶母猪数的 1/2）

后备母猪数＝（成年母猪数×30%÷12 个月）×4 个月

成年公猪数＝周配母猪数×3÷2.5（公猪周使用次数）＋（1~2）头（按 3 次本交计算）

仔猪数＝周分娩胎数×4 周×10 头/胎

保育猪＝周断奶数×4 周

中大猪＝周保育成活数×16 周

年上市肉猪数＝周分娩胎数×52 周×9.1 头/胎（仔猪 7 周龄上市）

配种分娩率 85%，胎均产活仔 9.5 头以上，胎均上市 9.3 头，成年母猪年淘汰（更新）率 30%，成年母猪年产胎数 2.20，年均提供上市仔猪数 20.46 头。

妊娠母猪数＝360 头　　临产母猪数＝20 头　　哺乳母猪数＝60 头

空怀断奶母猪数＝30 头　　后备母猪数＝48 头　　成年公猪数＝30 头

后备公猪数＝6 头　　仔猪数＝800 头　　保育猪＝760　　中大猪＝2 949

合计：5 063 头（其中基础母猪为 470 头）年上市肉猪数＝9 464 头

表 9-1　生产计划一览表　　　　　　　　　（头）

基础母猪数		473
满负荷配种母猪数	周	24
	月	104
	年	1248
满负荷分娩胎数	周	20
	月	87
	年	1040
满负荷活产仔数	周	200
	月	867
	年	10 400
满负荷断奶仔猪数	周	190
	月	823
	年	9 880
满负荷保育成活数	周	184
	月	797
	年	9 568
满负荷上市肉猪数	周	182
	月	789
	年	9 464

注：以周为节律，一年按52周计算；按设计产房每单元20栏计划

生产流程

本方案的肉猪生产程序是以"周"为计算单位，工厂化流水生产作业程序性生产方式，全过程分为四个生产环节。按下列工艺流程图示进行（图9-1）。

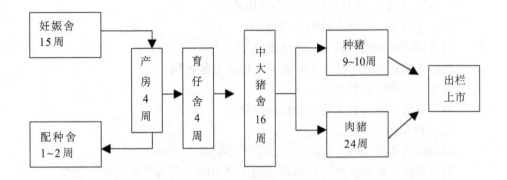

图 9-1　生产流程

待配母猪阶段：在配种舍内饲养空怀、后备、断奶母猪及公猪进行配种。每周参加配种的母猪 24 头，保证每周能有 20 头母猪分娩。妊娠母猪放在妊娠母猪舍内饲养，在临产前一周转入产房。

母猪产仔阶段：母猪按预产期进产仔舍产仔，在产仔舍内 4 周，仔猪平均 21~25 天断奶。母猪断奶当天转入配种舍，仔猪原栏饲养 3~7 天后转入保育舍。如果有特殊情况，可将仔猪进行合并，这样不负担哺乳的母猪提前转回配种舍等待配种。

仔猪保育阶段：断奶 3~7 天后仔猪进入仔猪保育舍培育至 9 周龄转群，仔猪在保育舍 4 周。

中大猪饲养阶段：9 周龄仔猪由保育舍转入到中大猪舍饲养 16 周左右，预计饲养至 24 周龄左右，体重达 90~100 千克出栏上市。一般每周可出栏 182 头猪左右。

2. 种猪淘汰原则与更新计划

（1）种猪淘汰原则。

后备母猪超过 8 月龄以上不发情的。

断奶母猪两个情期以上不发情的。

母猪连续二次、累计三次妊娠期习惯性流产的。

母猪配种后复发情连续两次以上的。

青年母猪第一、二胎活产仔猪窝均 6 头以下的。

经产母猪累计三产次活产仔猪窝均 6 头以下的。

经产母猪连续二产次、累计三产次哺乳仔猪成活率低于 60%，以及泌乳能力差、咬仔、经常难产的母猪。

经产母猪 7 胎次以上的，且 7 胎的胎均活产仔数低于 8 头的。

后备公猪超过 10 月龄以上不能使用的。

公猪连续 2 个月精液检查不合格的。

后备猪有先天性生殖器官疾病的。

发生普通病连续治疗 2 个疗程而不能康复的种猪。

发生严重传染病的种猪。

由于其他原因而失去使用价值的种猪。

（2）种猪淘汰计划。

母猪年淘汰率 25%~33%，公猪年淘汰率 40%~50%。

后备猪使用前淘汰率：后备母猪淘汰率 10%，后备公猪淘汰率 20%。

（3）后备猪引入计划。

后备猪年引入数＝基础猪数×年淘汰率÷后备猪合格率。

三、规章制度

猪场的日常管理工作要制度化，要让制度管人，而不是人管人。要建立健全猪场各项规章制度，如员工守则及奖罚条例、员工休请假考勤制度、会计出纳电脑员岗位责任制度、水电维修工岗位责任制度、机动车司机岗位责任制度、保安员门卫岗位责任制度、仓库管理员岗位责任制度、食堂管理制度、卫生防疫管理制度、消毒卫生制度、免疫及标识制度、引种及检疫申报制度、疫情报告及病死猪无害化处理制度、猪场用药制度、猪场车间岗位职责、物料管理制度、生产例会与技术培训制度等。

第二节　档案的建立与管理

近年来，随着养猪业集约化、规模化程度的提高，如何加强猪场的管理，提高管理效率，显得越来越重要，而管理过程中如何加强养殖档案的管理占据着重要的位置，现总结多年从事猪场养殖档案管理的体会供同行参考。

养殖档案建立。

猪场的档案包括科研类、生产类、科教宣传类、仪器设备类、基建类、人事类等的纸质、电子、影像资料等。生产类养殖档案在生产实践中指导意义尤为突出，可以使猪场疾病控制有延续性，使猪群保健更有依据，能掌握每一头母猪的生产性能，使母猪保健管理更有效，能掌握公猪的生产性能，随时了解公猪的健康状况等，因此养殖档案的建立、完善、利用意义重大。

一、资质档案

包括有效期内的种畜禽生产经营许可证、动物防疫合格证、养殖场排污许可证、本场生产管理专业技术人员资质证（对应文凭）、特种工种上岗证或职称资格证、饲养员健康证等。

二、相关规章、制度、规程

包括员工守则、岗位职责、考勤制度、各类猪只饲养管理操作规程、免疫程序、消毒制度、无害化处理制度、安全生产制度、奖惩考核办法、请休假制度、门卫制度、采购制度、物资管理办法等。

三、畜牧生产

主要有品种培育记录，种猪系谱卡片，配种、产仔、生产记录，公猪精液（采精、品质鉴定、稀释、保存）记录，转群记录，返情、流产记录，死亡、淘汰记录等。

1. 品种培育记录

包括后备猪生长发育记录（体长、体高、胸宽、胸深、胸围、腹围、腿臀围、管围、背膘厚、倒数3~4肋眼肌面积）；肥育（日增重、料肉比）测定记录、屠宰测定记录（体重，胴体重，屠宰率，胴体长，6~7肋皮厚，6~7肋膘厚，肩、腰、荐三点膘厚，倒数3~4肋眼肌面积，肉骨皮脂率，瘦肉率）；肉质测定记录（肉色、大理石花纹、pH1、pH2、肌内脂肪、贮存损失）。

2. 种猪系谱卡片

包括出生日期、毛色、乳头数、移动情况、三代标准系谱、繁殖记录、体质外貌、肥育性能、后裔成绩、生长发育等指标。

3. 配种记录

包括母猪舍栏、品种、耳号、胎次、上次断奶日期、发情日期、本次配种日期、与配公猪品种、耳号、配种方式、预产期、配种员、返情流产等。

4. 产仔哺乳记录

包括舍栏、分娩日期时刻、母猪品种、耳号、特征、胎次、与配公猪品种、耳号、配种日期、预产期、妊娠天数、产仔数［总产仔数、活产仔数（健仔弱仔、畸形）、死胎（鲜活、陈腐）、木乃伊］及仔猪性别、毛色特征、奶头排列、出生重、21日窝重、断奶头数、断奶窝重、育成率、断奶转群记录等。

5. 生产记录

包括存栏猪只数量、猪群变动情况（出生、调入、调出、死淘）。

6. 饲料消耗记录

包括料号、适用阶段、开始使用日期、生产厂家、批号或加工日期、重量、结束使用日期。

7. 公猪采精、品质鉴定、稀释、保存记录

包括日期、耳号、品种、采精量、活力、气味、密度、稀释后活力、稀释比例、保存时间、成品份数等。

8. 转群记录

包括转出栏舍、品种、耳号、转入栏舍。

9. 返情流产记录

包括日期、品种、耳号（注意同一头母猪的返情流产，统计时不能重复计算）。

10. 死亡淘汰记录

包括日期、性别、品种、估计重量、死淘原因、去向、责任饲养员、责任兽医。

四、兽医疫病防治

主要有免疫、保健、诊疗、解剖、用药、消毒、无害化处理记录、疫病监测报告等。

1. 免疫记录

包括疫苗名称、免疫对象（品种、耳号、栏位）、生产厂家、生产批号、保质期、免疫方式、剂量、免疫员签字、饲养员确认签字。

2. 保健记录

包括保健对象、用药品种数量、用药方式、药品的生产厂家、生产批号、保质期、操作员签字、饲养员确认签字。

3. 诊疗记录

包括舍栏、日龄、体重、病因、用药名称、用药方法、诊疗结果。

4. 解剖记录

包括舍栏、日龄、体重、特征性解剖症状、初步结论及实施解剖的责任人。

5. 用药记录

使用兽医处方签，内容：舍别、栏位、品种、性别、耳号、体重、主要症

状、处方用药、药费饲养员签字、兽医师、司药签字。

6. 消毒记录

包括消毒剂名称、消毒对象与范围、配制浓度、消毒方式、操作者、责任兽医。

7. 无害化处理记录

包括舍栏、数量、类别、耳号、处理方法、处理单位（责任人）、监督人等。

8. 疫病监测报告

要求每季度进行常见传染疾病的抗体或抗原监测（猪瘟、口蹄疫、蓝耳病、伪狂犬病、细小病毒病、乙脑）。

五、经营管理

主要有种猪、饲料、药品、疫苗的采购、保管、使用或销售。

1. 种猪的引进

必须有种猪来源场的种畜禽生产经营许可证、检疫合格证、发票、种猪合格证、种猪个体养殖档案；须进行种猪采购登记，填写引种日期、品种、数量、供种场、隔离日期、并群日期、责任兽医签字。

2. 饲料采购

须填写采购日期、品名、适用阶段、数量、生产厂家、批准文号、药物添加剂、休药期、验收人。自配饲料还必须填写饲料加工、成品后出入库记录，药物添加剂及限用添加剂使用记录（添加日期、用药猪群、添加剂名称、生产厂家、批准文号、添加剂量、休药期、停用时间、责任人）。

3. 药品、疫苗采购

要填写采购日期、品名、数量、生产厂家、批准文号、生产日期、有效期、贮存条件、验收人。

4. 疫苗的保存

必须填写贮存条件、监测日记录（特别监管温度）。

5. 饲料、药品、疫苗保管

入库填入库单、使用填出库单，建立入库、使用、节余台账式管理。

6. 种猪的销售

必须填写出猪台账：销售日期、购货人、品种、等级、重量、出猪舍栏、责任饲养员、销售员、购方联系方式。

第三节 生猪产业政策与生产补贴

自 2007 年全国生猪价格持续上涨以来，国务院和各部委以及各地方政府出台了多项扶持生猪生产发展的政策，如良种工程、能繁母猪补贴、生猪调出大县奖励、国家冻猪肉储备制等。涵盖了生猪生产和生猪猪肉流通的各个方面，建立了扶持生猪生产发展的政策体系。这些政策体现出各级政府对生猪生产发展的高度关注，对稳定我国生猪生产起到了积极作用。

针对 2012 年生猪价格回落的实际情况，为了防止价格持续回落，国家发改委等六部委在 2009 年出台的《防止生猪价格过度下跌调控预案（暂行）》的基础上，于 5 月 11 日出台了《缓解生猪市场价格周期性波动调控预案》。两个预案设定的预警区域有所差异，防跌预案设定的预警区域是猪粮比价（9∶1）～（6∶1），缓波预案设定的调控目标是猪粮比价（8.5∶1）～（6∶1），显然缓波预案对消费者的保护反应更快速。国家对生猪和猪肉价格的过度波动非常重视，政策也很严谨，试图通过政府调控的措施稳定生猪生产和猪肉价格，缓解价格波动。

2012 年 5 月 20 日国务院办公厅下发《国家中长期动物疫病防治规划（2012—2020 年）》。该规划对我国面临的动物疫病形势进行了分析，确定了主要动物疫病防控目标，总体策略和具体的措施。特别提出到 2015 年，所有原种猪场在高致病性猪蓝耳病、猪瘟、猪伪狂犬病、猪繁殖与呼吸综合征这四种疫病防控上达到净化标准。到 2020 年全国所有种猪场均达到净化标准。这样就从源头上控制了猪疫病的流行。为了实现这个目标，在政策上建立无疫企业认证制度，市场准入制度等，这无疑可以调动种猪企业净化猪群的积极性。

为了确保猪肉产品质量安全，必须确保投入品的安全。农业部在已有的一系列饲料管理规定和限制性规定的基础上出台了《饲料原料目录》。2012 年 6 月 1 日，农业部发布第 1773 号公告，于 2013 年 1 月 1 日起施行《饲料原料目录》。该目录规定饲料生产企业所使用的饲料原料均应属于本目录规定的品种，并符合本目录的要求。该目录主要包括谷物及其加工产品、油料籽实及其加工产品、豆科作物籽实及其加工产品、乳制品及其副产品、陆生动物产品及其副产品、鱼、其他水生生物及其副产品、矿物质、微生物发酵产品及副产品和其他饲料原料等 13 类饲料原料。

《畜禽规模养殖污染防治条例》已于 2013 年 10 月 8 日经国务院第 26 次常

务会议通过，现予公布，自 2014 年 1 月 1 日起施行。强化综合利用在污染治理中的重要作用。畜禽养殖污染废弃物主要是粪便、污水等有机物质。这些物质作为宝贵资源，可以作为肥料还田或者制取沼气、发电等用途。最终实现污染物的零排放。

自 2007 年起，我国政府已安排专项资金构建生猪补贴体系，其中有些为普惠性政策，如生猪良种补贴、能繁母猪补助及病死猪补贴等制度；有些为按生产规模不同而实行的补贴政策，如规模养殖场的改扩建以及对生猪调出大县的奖励等制度。这些制度的建立，在一定程度上降低了生猪养殖户，特别是散养户的养殖风险，保护了养殖户的利益，调动了他们养殖的积极性，这对于快速恢复市场供给，缓解生猪价格剧烈波动以及促进生猪产业的转型升级有重要作用。

第四节 成本核算与效益化生产

养猪产品成本是猪场在生产销售养猪产品过程中所消耗的各种费用的总和，是养猪产品价值的主要组成部分，是衡量养猪企业经营管理水平的重要经济指标。包括：饲料费，种猪或仔猪购入费，工资或用工费，光、热水电费，医药卫生防疫费、折旧费，运输费，贷款利息，设备维修维护费，共同生产费，经营管理费，福利费，低值易耗品开支及其他用于生产而产生的费用（工具、研发开发、宣传、培训）等。

养猪生产总成本＝饲料费+种猪或仔猪购入费+工资或用工费+光、热水电费+医药卫生防疫费+生产设施折旧费+运输费+贷款利息+设备维修维护费+共同生产费+经营管理费+福利费+低值易耗品开支+其他费用（工具、研发开发、宣传、培训）。

单位产品饲料成本：反映生猪产品的饲料消耗程度。

单位产品饲料成本（元/千克）＝饲料费用/猪产品产量。

单位增重成本：指仔猪和肥育猪单位增重成本。

成本（元/千克）＝（猪群饲养成本–副产品价值）/猪群增重。

单位活重成本（元/千克）＝（期初活重饲养成本+本期增重饲养成本+期内转入饲养成本+死猪价值）/（期末存栏猪活重+期内离群猪活重（不包括死猪），可分为断奶仔猪活重成本、肥猪活重成本。以某猪场为例：

一、猪场生产情况

该猪场建于 1997 年，常年存栏基础母猪约 500 头，猪只常年存栏量为 2 500~3 000 头，每年可向市场提供育肥猪 3 600 头左右，仔猪 4 400 头左右。

2012 年 12 月 25 日，猪场存栏量为 2 813 头，其中繁殖母猪 492 头，后备母猪 56 头，种公猪 30 头，育肥猪 1 120 头，哺乳仔猪 585 头，保育猪 530 头。

2013 年全年出售育肥猪 3671 头、仔猪 4280 头、淘汰种猪 98 头，销售收入分别为 245.89 万元、103.72 万元、10.15 万元，合计销售收入为 359.76 万元。

2013 年 12 月 25 日，猪场存栏量为 2 731 头，其中繁殖母猪 501 头，后备母猪 50 头，种公猪 30 头，育肥猪 980 头，哺乳仔猪 560 头，保育猪 610 头。

二、直接生产成本和间接生产成本

猪的生产成本分为直接生产成本和间接生产成本。所谓直接生产成本就是直接用于猪生产的费用，主要包括饲料成本、防疫费、药费、饲养员工资等；间接生产成本是指间接用于猪生产的费用，主要包括管理人员工资、固定资产折旧费、贷款利息、供热费、电费、设备维修费、工具费、差旅费、招待费等。

计算仔猪与育肥猪的生产成本时，只计算其直接生产成本，间接生产成本年终一次性进入总的生产成本。

三、仔猪的成本核算及其毛利的计算

1. 仔猪的成本核算

饲料成本：该猪场 2013 年用于种公猪、后备母猪、繁殖母猪、仔猪的饲料数量及金额总计分别为 784.86 吨和 101.60 万元。

医药防疫费：猪场全年用于种公猪、后备母猪、繁殖母猪、仔猪的防疫费合计 3.64 万元，药费合计 2.94 万元。

饲养员工资：饲养员工资实行分环节承包，共有饲养员 11 人，按转出仔猪的头数计算工资，全年支出工资总额为 9.36 万元。

2013 年仔猪的直接生产成本合计 117.54 万元。全年出售仔猪 4 280 头，转入育肥舍仔猪 3 750 头，合计 8 030 头，则平均每头仔猪的直接生产成本为 146.38 元。

2. 仔猪毛利的计算

2013 年销售仔猪 4 280 头，收入 103.72 万元。全年转入育肥舍仔猪 3 750

头，每头按 200 元（参考市场价格制定的猪场内部价格）转入育肥舍，共 75 万元。则仔猪的毛利为 61.18（103.72+75-117.54）万元，平均每头仔猪的毛利为 76.19 元。

四、育肥猪的成本核算及其毛利的计算

1. 育肥猪的成本核算

饲料成本：该猪场 2013 年用于育肥猪的饲料数量及金额总计分别为 943.80 吨和 116.29 万元。

医药防疫：在仔猪阶段所有免疫程序已完成，全年药费为 0.59 万元。

饲养员工资：饲养员工资实行承包制，按出栏头数计算工资，全年支出工资总额为 2.20 万元。

仔猪成本：转入仔猪成本为 75 万元。

2013 年育肥猪的直接生产成本合计为 194.08 万元。全年出栏育肥猪 3671 头，则平均每头育肥猪的直接生产成本为 528.68 元。

2. 育肥猪毛利的计算

全年出售育肥猪 3 671 头，收入为 245.89 万元。则育肥猪的毛利为 51.81（245.89~194.08）万元，平均每头育肥猪的毛利为 141.13 元。

五、盈亏分析

猪场全年的盈亏额等于仔猪与育肥猪的毛利及其他收入之和减去猪的间接生产成本。因养殖业没有税金，所以不考虑税金问题。

1. 猪的间接生产成本

管理人员工资：猪场有场长、副场长、技术员、会计各 1 人，其他工作人员 3 人，全年支付工资为 7.70 万元。

固定资产折旧费：猪场固定资产原值为 568.30 万元，2013 年末账面净值为 454.70 万元，全年提取固定资产折旧费 28 万元（猪舍、办公室等建筑按 20 年折旧，舍内设备按 10 年折旧）。

贷款利息：猪场全年还贷款利息 8.70 万元。

其他间接生产成本：猪场全年的供热用煤费为 4.60 万元，电费为 5.13 万元。猪舍及设备的维修费用为 0.83 万元，买工具的费用为 0.12 万元。差旅费、招待费、办公用品及日用品费等为 3.20 万元。

猪的间接生产成本合计为 58.28 万元。

2. 猪场全年的盈亏情况

仔猪毛利为 61.18 万元，育肥猪毛利为 51.81 万元，出售淘汰种猪收入为 10.15 万元，合计 123.14 万元，减去间接生产成本 58.28 万元。猪场全年盈利 64.86 万元。

3. 存栏量的变化对猪场盈亏的影响

在年终分析猪场的盈亏时还要考虑到猪群数量的变化，如果猪群数量增加，则表示存在着潜在的盈利因素，如果猪群数量减少，则表示存在着潜在的亏损因素。因为该猪场的存栏量变化不大。所以盈亏的影响在分析时可忽略不计，但如果猪的仔栏变化较大，在分析盈亏时就必须考虑到这一因素。

六、提高猪场经济效益的措施

分析以上成本核算与盈亏分析的过程，可看出要提高猪场经济效益关键要做到以下几点。

一是提高每头母猪的年提供仔猪数。提高猪场经济效益最有效的办法就是提高每头母猪的年提供仔猪数。该猪场平均每头母猪年提供的仔猪只有 16 头左右，这个水平还有很大的上升空间。在生产水平比较高的猪场，平均每头母猪年可提供仔猪 18~20 头，甚至 20 头以上。如果按 18 头计算，该猪场每年可多生产仔猪 1 000 头左右，这 1 000 头仔猪与上面 8 030 头相比，在成本上只增加了 1 000 头仔猪的饲料费、医药防疫费和饲养员工资，而其他成本没有增加，增加的这部分成本每头仔猪以 75 元计，如果按 200 元/头转入育肥舍，它的纯利润为 125 元/头，合计 12.50 万元，如果出售，利润会更高。可见提高每头母猪的年提供仔猪数能显著增加经济效益。

二是降低饲料成本。饲料成本在猪的饲养成本中所占的比例一般都在 70%左右。该猪场为 74%（不包括购买种猪及仔猪的成本）。降低饲料成本是增加经济效益的有效措施，但同时一定要保证饲料的质量，否则只能适得其反。主要方法是利用多种原料进行合理配合，达到既降低成本，又满足猪只营养需要的目的。

三是降低非生产性开支。一般来说，饲料成本在总成本中占的比例越高。非生产性开支所占的比例越少，说明猪场的管理越好，所以要尽量减少各种非生产性开支，提高经济效益。

第十章　粪污无害化

近年来，随着经济社会发展、养殖业规模在人民群众日益增长的消费需求的拉动下蓬勃发展。养猪产业数量和质量都在飞速发展的同时，养殖产生的畜禽粪污的处理利用问题越来越受到社会的关注，随之而来的粪污无害化处理和资源化利用，应当引起养猪从业者的高度重视。就养殖业市场主体现状和产业常态来说主要是两个问题，一个是养殖粪污采用哪一种处理模式进行处理利用，一个是规模化养猪场要配套建设何种规模种类的粪污处理设施。

第一节　养猪场粪污收集方式

基本原则是源于农业，回到农业。粪污收集：粪便与污水分收、分治；粪便处理：无害化/堆肥处理后还田；污水处理：首先采用厌氧处理，如 USR、CSTR、BFR 工艺等；出水用于灌溉/人工湿地/基质栽培法处理。

一、干清粪工艺

工艺特点：该工艺的主要目的是及时、有效地清除畜舍内的粪便、尿液，保持畜舍环境卫生，充分利用劳动力资源丰富的优势，减少粪污清理过程中的用水、用电，保持固体粪便的营养物，提高有机肥肥效，降低后续粪尿处理的成本。干清粪工艺的主要方法是，粪尿一经产生便粪尿分流，干粪由机械或人工收集、清扫、运走，尿及冲洗水则从下水道流出，分别进行处理（图 10-1 至图 10-4）。

优点：人工清粪只需用一些清扫工具、人工清粪车等。设备简单，不用电力，一次性投资少，还可以做到粪尿分离，便于后面的粪尿处理。机械清粪可以减轻劳动强度，节约劳动力，提高工效。

缺点：人工清粪劳动量大，生产率低。机械清粪包括铲式清粪和刮板清粪，一次性投资较大，故障发生率较高，维护费用及运行费用较高。

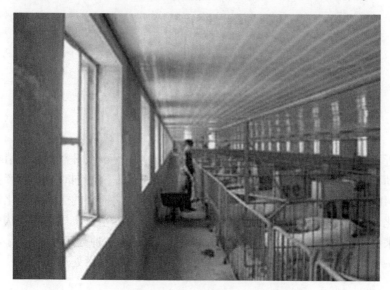

图 10-1　实地面人工干清粪（农户养殖采用）

图 10-2　全漏缝机械干清粪

图 10-3 半漏缝人工干清粪

图 10-4 全漏缝人工干清粪

二、水泡粪工艺

工艺特点：水泡粪清粪工艺是在水冲粪工艺的基础上改造而来的。工艺流程是在猪舍内的排粪沟中注入一定量的水，粪尿、冲洗和饲养管理用水一并排入漏粪地板下的粪沟中，储存一定时间后（一般为 1~2 个月），待粪沟装满后，打开出口的闸门，将沟中粪污排出，流入粪便主干沟或经过虹吸管道，进入地下贮粪池或用泵抽吸到地面贮粪池。

优点：可保持猪舍内的环境清洁，有利于动物健康。劳动强度小，劳动效率高，有利于养殖场工人健康，比水冲粪工艺节省用水。

缺点：由于粪便长时间在猪舍中停留，形成厌氧发酵，产生大量的有害气体，如 H_2S（硫化氢），CH_4（甲烷）等，恶化舍内空气环境，危及动物和饲养人员的健康，需要配套相应的通风设施。经固液分离后的污水处理难度大，固体部分养分含量低。

三、生态发酵床工艺

工艺特点：生态发酵床养殖是指综合利用微生物学、生态学、发酵工程学、热力学原理，以活性功能微生物作为物质能量"转换中枢"的一种生态养殖模式。该技术的核心在于利用活性强大的有益功能微生物复合菌群，长期、持续和稳定地将动物粪尿废弃物转化为有用物质与能量，同时实现将畜禽粪尿完全降解的无污染、零排放目标，是当今国际上一种最新的生态环保型养殖模式（图10-5）。

优点：节约清粪设备需要的水电费用，节约取暖费用，地面松软能够满足猪的拱食习惯，有利于猪只的身心健康。

缺点：粪便需要人工填埋，物料需要定期翻倒，劳动量大；温湿度不易控制；饲养密度小，使生产成本提高，不适于规模猪场。

图10-5　生态发酵床养殖模式

第二节　养殖场固体污染物减排技术

一、自然发酵

厌氧堆肥发酵是传统的堆肥方法，在无氧条件下，借助厌氧微生物将有机质进行分解，粪便堆积发酵、污水等液体粪污导入三级沉淀池沉淀自然发酵降解后还田，主要适用于各类中小型养殖场和散养户固体粪便的处理、堆肥、沉淀池虽然建造简单，解决了污水外排问题，但很难解决污水渗漏，气味难闻的问题。

二、好氧堆肥法生产有机肥

常温发酵工艺如下。

1. 好氧微生物在适宜的水分、酸碱度、碳氮比、空气、温度环境因素下，将畜禽粪便中各种有机物分解产热生成一种无害的腐殖质肥料的过程

特点是设备采用机械化操作，主要流程为：加菌、混合、通气、抛翻、烘干、筛分、包装。比自然堆肥生产效率高，占地较少。

2. 生产方式

（1）条形堆腐处理。在敞开的棚内或露天将畜禽粪便堆积成宽 1.5 米、高 1 米的条形，进行自然发酵，根据堆内温度，人工或机械翻倒，堆制时间需3~6 个月。

（2）大棚发酵槽处理。修筑宽 8~10 米，长 60~80 米，高 1.3~1.5 米水泥槽，畜禽粪便置入槽内并覆盖塑料大棚，利用翻倒机翻倒，堆腐时间 20 天左右。

（3）密闭发酵塔堆腐处理。利用密闭型多层塔式发酵装置进行畜禽废弃物堆腐发酵处理，堆腐时间 7~10 天。

（4）烘干处理。大多利用横式圆通装置，烧煤直接烘干的处理方法，多用于鸡粪处理。

3. 好氧堆肥法生产有机肥的工艺流程

见图 10-6 至图 10-9。

图 10-6　干湿分离

图 10-7　抛翻发酵

图 10-8　抛翻发酵

图 10-9　筛分分装

第三节　养殖场污水减排技术

一、还田利用

这是一种采用物理沉淀和自然发酵来达到粪污减排目的的方法。猪场内的污水/尿液在储存池内进行沉淀和自然发酵，沉淀后出水供周边农田或果园利用，池底沉积粪污作为有机肥直接利用或和固体粪便一起进行有机肥生产。该方法建设简单，操作方便，成本较低，但对粪污处理不够彻底，处理效率低下，需要经常清淤，且周边要有大量农田消纳粪污，部分小型养殖场采用（图10-10）。

图10-10　生态轮牧，粪污直接还田，舍内粪便收集后自然发酵直接利用

二、厌氧发酵——沼液沼渣农业综合利用

污水/尿液经过格栅（固液分离），将残留的干粪和残渣出售或生产有机肥。而污水则进入厌氧池进行发酵。发酵后的沼液还田利用，沼渣可直接还田或制造有机肥。

特点："养-沼-种"结合，没有沼渣、沼液的后处理环节，投资较少，能耗低，需专人管理，运转费用低。需要有大量农田（蔬菜大棚、水生作物）

来消纳沼渣和沼液，要有足够容积的储存池来贮存暂时没有施用的沼液。

该方法适用于气温较高、土地宽广、有足够的农田消纳养殖场粪污的农村地区，特别是种植常年施肥作物，如蔬菜、经济类作物的地区。

三、厌氧—好氧—深度处理

污水/尿液经厌氧发酵后，厌氧出水再经好氧及自然处理系统处理，达到国家和地方排放标准，既可以达标排放，也可以作为灌溉用水或场区回用。

特点：占地少，适应性广，几乎不受地理位置、气候条件的限制，治理效果稳定，处理后的出水可达行业排放标准。缺点是投资大，能耗高，运行费用大，机械设备多，维护管理复杂，虽然大、小规模的养殖场都可以采用这种方法，但规模小的养殖场在经济上较难承受。

四、沼液循环利用

见图 10-11 至图 10-13。

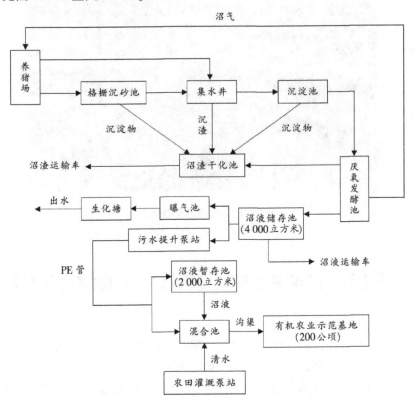

图 10-11　沼渣沼液大田循环利用流程

图10-12 红泥沼气——沼气暂存

图10-13 种植莲莱消纳沼液

第四节 畜禽粪污处理（暂存）设施的建设要求

按照发展趋势，畜禽规模养殖场宜采用干清粪工艺。采用水泡粪工艺的，要控制用水量，减少粪污产生总量。水冲粪工艺应当逐步改造为干清粪。畜禽规模养殖场应及时对粪污进行收集、贮存，粪污暂存池（场）应满足防渗、防雨、防溢流等要求。畜禽规模养殖场应建设雨污分离设施，污水宜采用暗沟或管道输送。

一、粪污暂存设施通常所需容积的计算

1. 固体粪便暂存池（场）的设计按照 GB/T 27622 执行

固体粪便暂存池应与生产区相隔离，满足防疫要求，设在正常生活区常年主导风向的下风向或侧风向，与主要生产设施距离 100 米以上。容积（立方米）按照动物单位的数量（每 1 000 千克活体重为单位 1）×每动物单位的动物每日粪便产生量×贮存时间（具体所需天数由后续处理工艺决定）/粪便密度的公式计算。地面为混凝土结构，应高于周围地面至少 30 厘米，坡度 1%，坡地设排污沟，污水排入污水池。每动物单位的猪粪便产生量为 84 千克，粪便密度为 990 千克/立方米，干清粪工艺最高允许排水量冬季为 1.2 立方米，夏季为 1.8 立方米，水冲工艺最高允许排水量冬季为 2.5 立方米，夏季为 3.5立方米。

2. 污水暂存池的设计按照 GB/T 26624 执行

计算公式为所需立方米等于动物的数量（猪的单位为每百头）×每天允许最高排水量（猪场为每立方米每百头每天）×污水贮存时间（具体所需天数由后续处理工艺决定），同时宜预留 0.9 米的预留空间。

3. 建设可采用地上和地下两种

土质条件好地下水位低的可以建设地下污水池。底面应高于地下水位 0.6米以上，深度不超过 6 米，周围设置明显的标志和围栏等设施，周围应设置导流渠，防止雨水地面径流流入，应满足防渗、防雨、防溢流等要求，进水管道管径最小为 300 毫米。进出水口应避免产生短流、沟流、反混和死区。

二、不同粪污处理方式所需处理利用设施容积的计算

1. 规模养殖场干清粪或固液分离后的固体粪便

可采用堆肥、沤肥、生产垫料等方式进行处理利用。固体粪便堆肥（生产垫料）宜采用条垛式、槽式、发酵仓、强制通风静态垛等好氧工艺，或其他适用技术，同时配套必要的混合、输送、搅拌、供氧等设施设备。猪场堆肥设施发酵容积不小于 0.002 立方米×发酵周期（天）×设计存栏量（头），其他畜禽按 GB 18596 折算成猪的存栏量计算。

2. 液体或全量粪污

通过氧化塘、沉淀池等进行无害化处理的，氧化塘、贮存池容积不小于单位畜禽日粪污产生量（立方米）×贮存周期（天）×设计存栏量（头）。单位

畜禽粪污日产生量推荐值为：生猪 0.01 立方米。具体可根据养殖场实际情况核定。

3. 液体或全量粪污

采用异位发酵床工艺处理的，每头存栏生猪粪污暂存池容积不小于 0.2 立方米，发酵床建设面积不小于 0.2 平方米，并有防渗防雨功能，配套搅拌设施。

三、对养殖场粪污处理设施建设的建议

在养殖环保要求越来越严的今天，养殖业要与时俱进的进行转型升级，只有建设布局规范，产业流程正规，环保达标的养殖业经营主体，才能在未来的养殖产业中更好地存活下来。无论是现有的养殖场还是新建的养殖场，都要严格按照《畜禽养殖业污染物排放标准》（GB 18596—2001）、《畜禽粪便还田技术规范》（GB/T 25246—2010）、《畜禽养殖污水贮存设施设计要求》（GB/T 26624—2011）、《畜禽粪便贮存设施设计要求》（GB/T 27622—2011）、《畜禽养殖业污染防治技术规范》（HJT81—2001）、《畜禽粪便无害化处理技术规范》（NY/T 1168—2006）、《畜禽场环境污染控制技术规范》（NY/T 1169）、《畜禽养殖业污染治理工程技术规范》（HJ 497—2009）等标准并参照《农业部畜禽规模养殖场粪污资源化利用设施建设规范（试行）》的要求进行粪污处理利用设施的设计、施工并达标。

第十一章　智能化养猪

我国是世界养猪大国，无论是养殖规模还是猪肉消费量均居世界第一。但我国并不是养猪强国，与一些养猪发达国家相比，在生产技术、动物福利、环境治理及智能化设施等方面还存在较大差距。近年来，我国畜禽养殖环境污染问题日益突出，动物福利养殖的观念也逐渐被人们所重视，在产能过剩与环保压力加剧的形势下，如何突破养猪业现有瓶颈，推进我国养猪业健康化、标准化、福利化和精确化发展显得尤为重要。在寻求我国养猪业可持续发展道路上，智能化养猪技术顺应时代需求，成为当下的研究热点。智能化养猪技术目前虽然没有明确的定义，但基本可概括为利用自动化技术、信息技术和物联网技术等为养猪业带来便捷、智能和健康的养殖技术。

我国智能化养猪业的研究起步较晚，过去 20 年是我国养猪业向自动化、高效化、智能化生产模式转变的变革时期。我国智能化养猪技术目前可分为自动化技术、信息技术和物联网技术三大部分，这些技术的相互交织利用和各分支新技术的不断引入，使得我国智能化养猪业的发展较为活跃。

第一节　自动化技术

自动化技术是一门综合性技术，主要是指用机械来替代人工进行操作。在控制理论不断完善下，快速发展的计算机技术使得自动化技术有了长足的进步。自动化技术在我国智能化养猪业中的应用目前主要集中在自动化饲喂、自动化通风、自动化粪污处理等技术工艺上。

自动化饲喂设备主要包括自动化喂料设备和饮水设备。自动化喂料设备又因饲料形态分为干料和液态料设备两种，干料工艺是一种全封闭的输送过程，其流程为：饲料厂—散装饲料车—料塔—通过管道输送—定量筒—下料管、食槽。干料自动输送供给能保持饲料清洁，减少饲料运输损失，并可实现在喂料的同时减少粉尘污染，但设备价格高、维修困难，多以自制或厂家定制使用，主要应用群体为大中型养殖场。液态料工艺是将混合均匀的液态料经饲料泵泵出，经热塑性树脂（PVC）饲料输送管道送至各个下料阀，指令通过传感器控制，由压缩空气的排放时间长短来控制下料量。整个过程由计算机控制。大量研究显示，液态料自动输送供给为发酵饲料创造了一个良好的乳酸菌培养环境，能降低液态料 pH 值，有助于提高饲料生物安全和减少抗生素使用。此外，还能提高饲料转化率、降低生产成本等。我国现有液态料自动输送设备基本是引进国外设备技术后进行改良优化，使其适用于本土的养猪生产，目前主要存在问题是自动控制设备的控制精度不够、饲料混合过程中出现饲料分层、营养素分离等。由于设备费用高，基本应用于大型养猪场。养猪业中自动化饮水设备有乳头式饮水器、鸭嘴式饮水器和杯式饮水器等，国内较为常见的是鸭嘴式饮水器，有的还配备有饮水自动加热设备。自动化通风需要考虑夏季通风和冬季通风，夏季通风与冬季通风目的不同，夏季温度较高，湿帘+风机纵向通风能降低舍内温度；冬季舍内有害气体浓度较高，横向通风能减少有害气体对猪只健康的危害。目前，我国养猪业自动化通风设备的研究与应用主要集中在控制夏季高温，通过在猪舍内安装热敏仪，超过适宜温度范围就可自动启动通风设施。虽然国内外有害气体感应器的研究开展很多，但国内猪场冬季通风的研究更多是侧重于通风技术，如屋顶无动力风机+地暖模式。由此可见，冬季猪场常利用供热与通风相结合的方式达到健康养殖。

自动化粪污处理在国内并未形成系统化应用，主要包括机械刮粪和粪污处理，而粪污传送至猪场废弃物处理中心仍然需要人工参与。我国规模化养猪场清粪方式可分为三种：水泡粪、水冲粪和干清粪。水泡粪是我国规模化猪场第一代粪污处理工艺，引自美国，采用漏缝地板+水池，舍内臭气浓度高，废水多且难以处理，由于猪场周边没有足够耕地供灌溉，因此逐渐被淘汰使用。水冲粪是针对水泡粪用水量大、臭气大而做出的改进方法，采用漏缝地板+水池+闸门+排风扇的模式，国内还有许多猪场使用。随着畜禽养殖污染防治逐渐受到重视，干清粪模式以其废水少、容易处理和及时清理等优点将占主导地位，虽然耗时耗力，但其优点显而易见。漏缝地板+机械刮粪能省去人工，还能解决因粪便清理带来的人员难聘问题。国内目前较常用的粪污处理工艺是固液分离+UASB+两级生化+物化，虽然治理效果较好，对污水能够做到净化达标后排放，但运行成本较高。因此，以资源化利用为前提的粪污处理工艺成为当下的研究热点。

在实际生产中，国内自动化喂料设备还存在以下问题：一是产生较多粉尘；二是投料精度低，容易出现不足或过量的现象；三是喂料设备费用高，容易出问题。针对这些问题，在自动化喂料设备未来发展中需要重视饲料运输管道的材质研究，使其既便宜又耐用；将喂料设备的成本聚集在控制系统的应用上，使其既精准又不改变饲料的营养结构；对放料产生的粉尘问题则需要考虑成本与效益之间的关系。自动化通风技术的研究主要是针对冬季猪场有害气体浓度过高的问题，在福利健康养殖的推进下，冬季通风也可和夏季通风一样采用有害气体传感器对猪舍实施小通量换气，冬季与秋季使用的风机大小不同、位置不同，所以冬季自动化通风技术将增加饲养成本。而在自动化粪污处理上，粪污露天或封闭传送将是未来生态养殖的发展趋势，既节约人力又能防止人为运输粪便造成的二次污染。粪、尿及病死猪无害化的自动化处理技术也会越来越完善。

第二节　信息技术

信息技术集计算机与数据工程为一体，是发展最为迅速的一种现代科学技术。信息技术在我国养猪业应用较为广泛，其中涉及育种技术、饲料与营养、生产管理和肉品质分层等。

现代育种技术的发展可表现为：育种技术=基因库+育种学理论+计算机技术+系统工程+生物技术，计算机技术的快速发展使得育种技术更精确、更有预见性。目前国内许多大中型种猪场使用苑存忠等开发出的"现代种猪管理软件"，这款综合管理软件是运用家畜比较育种学原理和现代计算机应用技术，以 Visual FoxPro 8.0 软件包为工具，可在 Windows 9X/Me/NT/2000/XP 等操作平台上运行。"现代种猪管理软件"通过育种数据的输入（可修改），能做到育种资料的输出及种猪种用价值的排序等，可为现代种猪生产提供有益的帮助。在母猪产仔数的选择方面，最佳线性无偏预测法的建立革新了过去常用的选择指数法。我国从 20 世纪 80 年代中期开始在育种工作中进行尝试，到 20 世纪 90 年代中期走向成熟和完善。随着计算机与生物技术的不断发展进步，与 BLUP 育种值估计方法相关的软件正在推出与应用，如从单性状育种值估计发展为多性状育种值估计，从常规繁育体系的育种值估计发展为有胚胎移植、胚胎切割等非常规繁育体系的育种值估计，并被广泛应用于养猪生产。

信息技术渗透在饲料与营养中的应用主要集中在饲料配方与加工工艺及营养优化等方面。张子仪等在 1989 年采用 dBASE 语言建立了中国饲料数据库管理系统，能通过与优化配方程序接口，输入市场价格，从而实现优化配方，以

BASIC语言和线性规划原理编制了"袖珍电脑最佳饲料配方"。杨国才等应用模糊数学原理，将饲养标准和目标函数模糊化，更易得到畜禽饲料的优化配方。在饲料加工方面，通过计算机技术对饲料混合工艺、原料的计量管理、制粒机及整个生产过程的控制，既能追溯产品原料来源，又能更好地控制产品质量。我国饲料配方优化设计所使用的信息技术主要分为以下几类：一为目前应用最多的线性优化软件；二为模糊线性规划软件；三为目标优化应用软件；四为"专家系统"优化软件，构建猪的营养代谢模拟模型，如艾景军等建立的生长育肥猪营养代谢模型。信息技术在养猪生产管理中的应用较为广泛，主要包括猪场监控、工作安排、种猪系谱管理、电脑选配、猪群保健和购销管理等。通过应用数据化管理软件，能快速掌握猪群生产性能方面的信息，凭分析结果做出正确决策，还能通过生产系统数据分析，根据市场行情调整上市猪的数量和猪群结构，控制养殖成本。我国猪场信息管理系统的研究近几年发展较快，出现大量以Foxbase编制代替早期dBASE语言编辑的软件，主要产品有中国农业大学研发的"金牧猪场综合管理软件"、广东省农机研究所研发的"工厂化猪场计算机管理信息系统"、华南农业大学计算机中心与广东省食品进出口公司电脑室共同研制的"PPMS"系统等。还有根据遗传特性、代谢特点、生产函数和环境因素等建立的养猪生产系统计算机模型，能指导生产方向，改进生产技术，如PIG模型。这些系统的研发应用不仅能提高猪场的管理效率，还有利于猪场实现标准化、健康化饲养。此外，市场上还有很多其他关于养猪业的信息软件，如兽医专家系统、畜牧宝典等，它们能提供关于饲料营养、市场行情、疾病治疗等信息。

信息技术在猪肉品质分层和估算种猪体重方面也有应用，但还未开发出成套的产品应用于实际生产。在猪肉品质检测中，通过计算机视觉技术提取图像原始颜色信息和纹理特征，还可进行几何尺寸的测量。用图像处理技术对图片进行特征提取，选取适合的分类判决模型，对胴体特性如胴体长、屠宰率、背膘厚度、瘦肉率、眼肌面积等以及猪肉品质特性如肉色、肌内脂肪含量、嫩度和风味等均可做出评定。既达到无损、客观、快速评定的目的，又能克服人为因素。种猪体重估算是通过数据图像分析技术测量和计算种猪投影面积，分析其与体重的相关性，通过相关性即可估算出种猪的体重。

信息技术的应用几乎占据整个猪场的生产管理，信息化数据管理应用不仅能评估猪场生产技术水平，还能为猪场提供决策性信息。随着信息技术的不断发展，应用于猪场的信息技术将是推进整个行业快速发展的动力。BLUP法的不断优化及推广应用、大数据下饲料营养的优化及猪只生产性能的提高、更成熟的猪场监控管理系统等是现有发展较快的部分，养猪生产中还有许多环节的信息技术有待开发，如内置芯片、福利设备研究等。总体说来，信息技术在我国养猪业已取得显著成绩，但还应继续加大信息技术基础设施建设的投入。

第三节　物联网技术

物联网是互联网的应用拓展，是指利用局部网络或互联网等通信技术把传感器、控制器、机器、人员和物等通过新的方式联在一起，形成人与物、物与物相联，实现信息化、远程管理控制和智能化的网络。物联网技术在我国养猪生产中的研究开展较多，包括智能耳标识别、母猪发情鉴定、智能分栏、精细饲养技术、环境检查、生猪和产品追踪及溯源等，也形成了一些专利和产品，但在实际生产中的应用较少，主要原因在于造价太高和技术不成熟。

射频识别，RFID（Radio Frequency Identification）技术，又称无线射频识别，是一种通信技术，可通过无线电讯号识别特定目标并读写相关数据，而无需识别系统与特定目标之间建立机械或光学接触。与传统的二维码耳标相比，RFID 电子标签具有存储数据量大、多目标识别、耐磨损和可回收等优势。利用 RFID 技术，能跟踪和记录猪只品种、日龄、生产性能指标、日常管理信息、疾病、免疫和出场等信息，这些数据不仅可以通过大数据、云计算等先进技术促进行业的健康有序发展，还为物联网技术在养猪业中展开应用做好了铺垫。白红武等构建的基于物联网的种猪管理系统，通过 RFID 电子耳标的识别与记录，实现饲养过程可追溯。黄瑞森等利用 RFID 识别、自动称重传感等技术结合自主研发的系统可生成种猪日生长性能报告。鄢祖建结合使用 RFID 技术、单片技术、数据库和上位机管理软件技术等设计出一套生猪生长性能测定系统，使生猪生长性能测定自动化、智能化。

准确鉴定母猪发情有利于提高母猪配种受胎率，也是诸多养殖户所关注的问题。母猪发情鉴定主要有观察法、电阻法、公猪试情法和外激素法等，其中电阻法精确度高于观察法，外激素法能避免试情法过程中驱赶公猪的繁琐，所以外激素法是近几年研究较多的应用方法。经查询 2010—2013 年的专利发现，有通过设计运载公猪的"母猪试情车"、设计测量体温来判断母猪是否发情的装置、监测母猪与公猪接触频率和次数等来实现母猪发情鉴定。但未见上述专利可形成的产品在实际生产中应用的报道。国内现有的母猪发情鉴定方面的系统应用基本引自国外。

智能分栏技术的研究在我国还处于起步阶段，这一技术的完善有利于推动母猪大群智能群养系统和育肥猪智能化分栏饲养的研究。智能分栏装置系统是对猪群以预先人为设定的标准条件进行分离，通过智能耳标识别确认个体信息，软件管理系统即可获取其相关生产性能或生长性能方面的信息，经智能判断后，对怀疑生病、发情鉴定、免疫接种、临产转舍和丢失耳标的猪只个体自动喷色记忆并分离到指定区域，不需要处理的猪只可返回大群。母猪大群智能群养系统又分怀孕母猪智能化群养和哺乳母猪智能化群养，我国从 2008 年开始推广和采用怀孕母猪智能化群养管理，其本质上是智能耳标识别、智能分栏和精细饲养技术的整合，群养能改善母猪健康，精细饲养能细化到每头母猪，实现不同怀孕阶段、不同体况、不同品种母猪在不同饲养条件下的饲养管理目标。国内 70% 的市场份额由荷兰 NEDPA 公司研发的 VELOS 母猪饲喂管理系统占据。育肥猪智能化分栏饲养既可实现不同体重饲料的科学利用，又可准确进行出栏猪体重挑选，提高出栏猪整齐度。在中国已有两家猪场使用荷兰 NEDPA 公司的育肥猪智能化分栏饲养设备，应用情况较好。国内研发的"种猪（含商品猪）精细管理综合网络平台"已在 50 多家集约化种猪场得到示范应用，这一综合系统主要包括个体标识信息和生产档案数据的采集与数据库的建立。通过对猪群结构、核心群种猪的配种、产仔和断奶性能的历史记录进行统计分析；对各种繁殖状态和周期性参数的可视化分析，尤其是对繁殖母猪的精准喂养，降低了母猪生产成本，提高了仔猪成活率。畜禽养殖环境的监控对改善猪只健康、提升猪的福利养殖具有重要意义。有关畜禽养殖环境的影响因子（如温度、湿度及 CO_2、NH_3 等有害气体）传感器的研究较多。电子鼻主要由传感器阵列和智能算法组成，传感器阵列首先将探测到的信息经过主成分分析进行压缩，再通过具有判断能力的模式识别技术处理，从而对多种成分混合气体进行分析。电子鼻技术开发的产品已经存在，以国外产品为主，国内虽然技术还不够成熟，但发展态势很好。物联网的应用使得畜禽养殖环境能实现连续监控，从而推进畜禽健康养殖的发展。生猪及其产品生产的跟踪及溯源是未来畜禽养殖生产中保障食品安全的根本路线，利用猪肉质量安全可追溯体系即可得知提供商品猪的猪场生产条件、猪的饲养质量安全可追溯体系方面研究较多，主要通过智能标识、信息采集与传输等技术，实现从种猪、商品猪生产，到生猪屠宰分割、标识对接、数据采集与传输、物质流与信息流对接，从而做到从源头到消费终端的跟踪。这些技术解决方案适用于散养模式及规模化饲养模式的产品质量跟踪与溯源。

物联网技术的引入给我国养猪业资源整合、优化提升的发展提供机会，但我国养猪业物联网技术的研究还处于初级阶段，许多专利无法形成产品应用于生产实践。应用效果较好的管理系统均是引自国外，国内自主研发的系统精密度不够、准确率不高。RFID 技术的突破、母猪发情鉴定系统的研发、智能分栏及精细饲养的研究和追溯系统的完善优化是国内现在积极发展的几大板块。因此，我国养猪业物联网技术还应在已有研究基础上，拓宽思路，填补研究空白，如病猪自动识别系统、环境综合检测系统、行为习性检测研究等。

第四节　智慧养猪的实践

以农信互联集团开发的智慧养猪生态平台为例，了解当前智慧养猪的实际应用。

一、开发三个方面的硬件

AI 硬件。智能环境监测和调控设备，智能 B 超和智能背标设备，轨道式智能养猪机器人，智能可视化设备和音箱。

AI 视频。视频观测猪场人员与猪只的行为；通过视频识别技术盘点猪只数量；通过视频识别猪只的体重和体长；通过视频拍照识别猪病。

AI 语音。声音识别技术判断猪只健康度；通过智能语音输入生产过程中的一些数据并和猪联网关联；控制环控设备和环境指标播报；猪场信息语音查询。

二、育种环节应用

通过视频可视化识别技术，对母猪发情、体征实时监测。

采用智能背膘仪，对母猪发情条件判定。

利用智能 B 超，对母猪的怀孕状况实时把控。

三、育肥环节应用

利用自动饲喂设备，对猪只日饲料消耗量进行精细化统计。

利用智能电子秤，对批次转舍仔猪进行实时称重。

采用视频可视化技术，对猪只体型和体重进行批次采集，最终形成猪只日增重和料肉比数据。

四、交易环节的应用

通过农信生猪溯源系统，获取生猪养殖过程详细数据，确保生猪质量，优质、优选。比如智能称重，体重、体长、品种判断，谱系追溯，猪联网养殖数据。

五、平台入口接入

猪联网由猪场数据化管理、生猪交易与生猪金融3个部分组成。主要思路是用智能化大数据的方式解决猪场生产效率的问题；用互联网、可追溯的方式解决猪场买料贵、卖猪难的问题；用大数据、供应链金融、场景金融手段解决养猪户资金缺乏等问题。针对智慧化、平台化养猪，猪联网有以下几个特色。

1. 猪联网为 AI 养猪提供 PC 端、手机端两个入口

在 AI 养猪的 PC 端入口，可以看到猪舍内的实时状态，猪只的生长数据、健康状况，猪舍内的环境监控等信息，而且可以通过情景化操作来录入数据。另外，还可以通过猪联网进行数据分析。以 PSY 数据分析为例，可以以思维导图的形式呈现出来，并且以"PSY 红绿灯"的方式直观表现出来，数据如果是红色的表示水平很差，低于猪联网推荐的标准值；绿色的表示水平很好；黄色的表示提出警告，要注意。任何一项数据点击之后，系统会自动分析数据成因，并给出结论和指导意见，还会推荐相关专家，并提供解决案例的视频供参考。在猪联网上，可以看到国家生猪市场重点地区的猪价，也可以一键卖猪，还可以购买各种猪场需要的产品，同时还能提供贷款等金融服务。在 AI 养猪的手机端入口，通过"扫一扫"可以扫描猪耳号和母猪档案卡，可以查询猪只的各类信息；"语音输入"可以通过语音来操作软件，免除猪场老板文字输入的麻烦；"拍照识猪病"可以通过拍照或者语音看猪病。同样的，也可以用"PSY 红绿灯"的方式表示数据，并且进行相关分析和提供解决方案。此外，还能根据猪场的实际情况，推荐性价比更合理的产品。

2. 猪联网可以实现与企联网无缝对接，实现从猪场生产到猪场管理的闭环连接

包括：①猪场物资。物资采购、物资领用、物资投喂、物资盘点、物资损耗管理。②猪场财务。猪场财务管理、猪场成本核算、猪场收付款管理、猪场账务管理。③猪场销售。对接国家生猪市场：猪场售猪发布、猪场订单管理、猪价行业预测、与食联网的无缝对接、全程可溯源。④猪场绩效。以栋舍为核心的猪场绩效指标系统；猪场绩效分析报表、饲养员绩效管理系统。

参考文献

邓奇风，陈顾，刘志强，等 . 2017. 我国智能化养猪业现状与发展趋势 ［J］. 中国猪业（12）：49-53.

梁永红 . 2007. 实用养猪大全 ［M］. 郑州：河南科学技术出版社 .

刘涛 . 2011. 现代养殖实用技术 ［M］. 北京：中国农业科学技术出版社 .

潘琦 . 2007. 科学养猪大全 ［M］. 合肥：安徽科学技术出版社 .

王功民，田克恭 . 2010. 非洲猪瘟 ［M］. 北京：中国农业出版社 .

吴丹，王凯，蔡更元 . 2019. 智能化设备在养猪生产上的应用 ［J］. 猪业科学（4）：38-41.

薛素文 . 2018. 智慧养猪生态平台，智慧养猪的整体解决方案 ［J］. 饲料与畜牧（5）：28-33.

易本驰 . 2012. 猪病诊治与合理用药 ［M］. 郑州：河南科学技术出版社 .

张媛媛，李涛，韩开顺 . 2017. 浅谈中小型猪场粪污处理设施建设 ［J］. 中国猪业（12）：66-67.

张振兴，姜平 . 2010. 兽医消毒学 ［M］. 北京：中国农业出版社 .

赵化民 . 2010. 畜禽养殖场消毒指南 ［M］. 北京：金盾出版社 .

赵云焕，刘卫东 . 2007. 畜禽环境卫生与牧场设计 ［M］. 郑州：河南科学技术出版社 .

中国兽药典委员会 . 2010. 中华人民共和国兽药典（三部）［M］. 北京：中国农业出版社 .

周永亮，王学君，王竹伟，等 . 2018. 现代化猪场建设规划设计 ［J］. 养殖与饲料（7）：12-15.

朱宽佑 . 2004. 养猪生产 ［M］. 北京：中国农业出版社 .